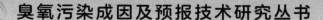

臭氧污染成因及预报技术研究丛书

U0462520

海南岛臭氧污染

符传博 丹 利 唐家翔 佟金鹤 刘丽君 ◎编著

气象出版社

China Meteorological Press

内 容 简 介

全书共 8 章,分别介绍了海南岛气候基本概况,海南岛及其重要城市的臭氧污染时空变化特征,区域性臭氧污染事件和大气环流特征,影响海南岛臭氧浓度的气流轨迹路径、潜在贡献源区和本地城市经济发展对海南岛臭氧污染的影响,热带气旋影响下的臭氧污染形成机理,臭氧生成敏感性特征以及统计预报模型等问题。本书数据翔实,内容丰富,是作者等人多年研究成果的积累,本书的大部分内容和结论都是作者的原创性研究成果,可以为当地政府部门大气污染防治政策的制定、气象和环保部门空气质量预报服务工作,以及大气环境领域的科研工作提供科技支撑,同时可为相关专业院校师生提供参考。

图书在版编目（CIP）数据

海南岛臭氧污染 / 符传博等编著. -- 北京 : 气象出版社, 2024. 7. -- ISBN 978-7-5029-8248-5

Ⅰ. X51

中国国家版本馆 CIP 数据核字第 2024TX3246 号

海南岛臭氧污染
Hainandao Chouyang Wuran

出版发行：气象出版社

地　　址：北京市海淀区中关村南大街 46 号		邮政编码：100081	

电　　话：010-68407112（总编室）　010-68408042（发行部）

网　　址：http://www.qxcbs.com　　　　E-mail：qxcbs@cma.gov.cn

责任编辑：张　媛　　　　　　　　　　　终　审：张　斌

责任校对：张硕杰　　　　　　　　　　　责任技编：赵相宁

封面设计：艺点设计

印　　刷：北京建宏印刷有限公司

开　　本：787 mm×1092 mm　1/16　　　印　　张：9.5

字　　数：237 千字　　　　　　　　　　彩　　插：1

版　　次：2024 年 7 月第 1 版　　　　　　印　　次：2024 年 7 月第 1 次印刷

定　　价：65.00 元

前　言

  自 2013 年我国颁布《大气污染防治行动计划》和《国务院关于印发打赢蓝天保卫战三年行动计划的通知》等强有力的大气环境保护政策以来，我国区域 $PM_{2.5}$ 污染治理效果显著，但 O_3 浓度却表现为稳步上升的变化趋势，其中部分城市 O_3 已经代替 $PM_{2.5}$，成为影响我国城市空气质量的主要污染物。根据生态环境部门的监测统计，2021 年全国 339 个地级及以上城市中，以 O_3 为首要污染物的超标天数占总超标天数的 34.7%，而京津冀及周边地区、长三角地区和汾渭平原（三大重点区域）以 O_3 为首要污染物的超标天数占总超标天数分别为 41.8%、55.4%、39.3%，明显高于全国的平均结果，O_3 已经成为"十四五"期间影响我国重要城市大气环境的首要污染物。

  海南省位于我国最南端，于 1988 年 4 月 26 日成立并建特区。其行政区域包括海南岛和中沙、西沙、南沙群岛及其海域。海南岛是海南省面积最大的岛屿，约 3.43 万 km^2，是我国仅次于台湾岛的第二大岛，地处 18°10′—20°10′N、108°37′—111°03′E，与广东省的雷州半岛琼州海峡相隔，属于热带季风海洋性气候，常以空气质量好，生态环境优美而著称。海南省作为中国唯一的热带海岛旅游省份，其城市环境空气质量对海南国际旅游岛、中国（海南）自由贸易试验区（港）的形象有举足轻重的作用。近年来，在海南省政府加大开展空气污染防治治理的背景下，海南岛城市 $PM_{2.5}$ 和 PM_{10} 质量浓度持续下降，然而 O_3 质量浓度却维持较高水平。根据海南省生态环境部门的监测，2019—2021 年海南省 O_3 第 90 百分位数浓度分别为 118 $\mu g \cdot m^{-3}$、105 $\mu g \cdot m^{-3}$ 和 111 $\mu g \cdot m^{-3}$，O_3 质量浓度下降不明显。目前，关于海南岛臭氧污染方面的研究还属于起步阶段，特别是海南岛区域性臭氧污染特征、外源输送贡献源区、热带气旋影响下的臭氧污染形成机理、臭氧生成敏感性特征以及统计预报模型等问题尚属空白。

  本书归纳了作者 2019 年以来有关海南岛臭氧污染的相关研究成果，以期为当地政府部门大气污染防治政策制定、气象和环保部门空气质量预报服务工作，以及大气环境领域的科研工作提供科技支撑，同时可为相关专业院校师生提供参考。本书所用资料均不包括三沙市，特此说明。

本书得到了国家自然科学基金项目"海南省城市臭氧污染的形成机理研究"(编号：42065010)、海南省重大科技计划项目"海南省 $PM_{2.5}$ 和臭氧协同控制研究与应用"(编号：ZD-KJ202007)、海南省自然科学基金高层次人才项目"海南省大气颗粒物时空变化及影响因素研究"(编号：422RC802)和海南省自然科学基金项目"海南地区城市臭氧浓度时空变化及气象学成因研究"(编号：419MS108)等资助。本书是以上科研项目课题成果的集成，大部分内容是作者在已发表或已接收论文的基础上整理归纳而成，是一系列研究成果的系统化总结。

本书共 8 章，第 1 章介绍了海南岛气候基本概况，给出了目前臭氧污染研究进展及今后可能的研究方向；第 2 章基于环境监测国控站的臭氧浓度观测事实，给出了海南岛及其重要城市的臭氧污染时空变化特征；第 3 章统计分析了海南岛区域性臭氧污染事件和大气环流特征，归纳了有利于海南岛发生区域性臭氧污染事件的预报概念模型；第 4 章探讨前体物和气象因子与臭氧污染的相关关系，提取了臭氧浓度的主控气象因子；第 5 章基于后向轨迹模型和历年海南统计年鉴数据，探讨了气流轨迹路径、潜在贡献源区和本地城市经济发展对海南岛臭氧污染的影响；第 6 章分析了不同路径和不同强度的热带气旋影响下的海南岛臭氧污染特征，同时对登陆海南岛的 2016 号台风"浪卡"影响过程进行典型的个例分析；第 7 章利用卫星遥感产品，研究了海南岛臭氧前体物的时空变化及臭氧生成敏感性特征，及其与气象因子的关系；第 8 章基于气象再分析资料，构建了海南岛和海口市臭氧浓度的多元回归、支持向量机和人工神经网络预报模型，并对 2021 年的统计预报结果进行检验。第 1 章、第 2 章、第 5 章和第 6 章由符传博、丹利执笔；第 3 章由符传博、刘丽君执笔；第 4 章和第 7 章由符传博、佟金鹤执笔；第 8 章由符传博、唐家翔执笔。全书由符传博统稿。

本书在编写过程中得到了海南省气象局、海南省南海气象防灾减灾重点实验室和南海海洋气象海南省野外科学观测研究站的关心与指导，同时得到了项目承担单位海南省气象科学研究所和海南省气象台的大力支持，一并表示感谢！

由于作者水平有限，书中难免存在不足之处，恳请专家、读者批评指正。

作者

2023 年 9 月

目　录

前言

第1章　海南岛气候概况和臭氧污染影响因素 /001

1.1　研究背景和意义 /001

1.2　国内外研究现状 /001

1.3　海南岛气候概况 /002

　　1.3.1　气温 /002

　　1.3.2　降水量 /003

　　1.3.3　相对湿度 /004

　　1.3.4　日照时数 /004

　　1.3.5　气压 /004

　　1.3.6　风速 /005

1.4　海南岛臭氧污染的影响因素 /006

　　1.4.1　前体物的影响 /006

　　1.4.2　气象因子对臭氧污染的影响 /007

　　1.4.3　气候变化对臭氧污染的影响 /007

1.5　结论与讨论 /008

第2章　海南岛臭氧浓度时空变化特征 /009

2.1　资料与方法 /009

　　2.1.1　研究资料 /009

　　2.1.2　研究方法 /010

2.2　结果与分析 /011

　　2.2.1　海南岛臭氧污染的空间分布 /011

　　2.2.2　海南岛四季臭氧浓度的空间分布 /012

　　2.2.3　海南岛臭氧浓度年际变化 /013

　　2.2.4　海南岛臭氧浓度变化趋势 /015

　　2.2.5　海南岛臭氧浓度月际变化 /017

2.2.6　海南岛臭氧浓度日变化　/018

2.2.7　海南岛臭氧浓度的经验正交函数分解分析　/018

2.2.8　海口市臭氧浓度年际变化　/020

2.2.9　海口市臭氧浓度月际变化　/021

2.2.10　海口市臭氧浓度日变化　/022

2.2.11　三亚市臭氧浓度年际变化　/022

2.2.12　三亚市臭氧浓度月际变化　/023

2.2.13　三亚市臭氧浓度日变化　/024

2.3　结论与讨论　/025

第3章　海南岛区域性臭氧污染特征　/026

3.1　资料与方法　/027

3.1.1　研究资料　/027

3.1.2　研究方法　/027

3.2　结果与分析　/028

3.2.1　海南岛区域性臭氧污染特征　/028

3.2.2　海南岛臭氧浓度污染时段和清洁时段对比　/029

3.2.3　海南岛区域性臭氧污染事件统计　/029

3.2.4　秋季海南岛区域性臭氧污染事件天气型　/030

3.2.5　秋季海南岛区域性臭氧污染大气环流特征　/031

3.2.6　春季海南岛区域性臭氧污染事件天气型　/032

3.2.7　春季海南岛区域性臭氧污染大气环流特征　/034

3.2.8　冬季海南岛区域性臭氧污染事件天气型　/036

3.2.9　冬季海南岛区域性臭氧污染大气环流特征　/036

3.2.10　2019年9月海南岛持续臭氧污染的气象条件　/037

3.3　结论与讨论　/045

第4章　海南岛臭氧浓度影响因子分析　/047

4.1　资料与方法　/048

4.1.1　研究资料　/048

4.1.2　研究方法　/048

4.2　结果与分析　/048

4.2.1　海南岛臭氧浓度月值与前体物的相关性　/048

4.2.2　海南岛臭氧浓度月值与气象因子的相关性　/049

4.2.3　海南岛臭氧浓度月值与影响因子的回归分析　/051

4.2.4　海南岛臭氧浓度月值的主控气象因子分析　/052

4.2.5　海南岛臭氧浓度日值与前体物的相关性 /052

4.2.6　海南岛臭氧浓度日值与气象因子的相关性 /053

4.2.7　海南岛臭氧浓度日值与影响因子的回归分析 /053

4.2.8　海南岛臭氧浓度日值的主控气象因子分析 /053

4.2.9　气象因子对海口市臭氧浓度的影响 /054

4.2.10　海口市不同站点臭氧浓度主控因子 /056

4.2.11　气象因子对三亚市臭氧浓度的影响 /057

4.2.12　三亚市不同站点臭氧浓度主控因子 /057

4.2.13　2019 年 11 月三亚市典型臭氧污染个例分析 /058

4.3　结论与讨论 /067

第 5 章　外源输送和城市发展对海南岛臭氧浓度的影响 /069

5.1　资料与方法 /069

5.1.1　研究资料 /069

5.1.2　研究方法 /070

5.2　结果与分析 /071

5.2.1　海口市不同季节影响气流后向轨迹 /071

5.2.2　三亚市不同季节影响气流后向轨迹 /073

5.2.3　海口市臭氧污染潜在源区 /074

5.2.4　三亚市臭氧污染潜在源区 /075

5.2.5　外源输送对 2019 年秋季海南岛 4 次臭氧污染的影响 /075

5.2.6　海南岛社会经济发展因素及相关性 /081

5.2.7　海口市社会经济发展因素及相关性 /083

5.2.8　三亚市社会经济发展因素及相关性 /083

5.3　结论与讨论 /084

第 6 章　热带气旋对海南岛臭氧污染的影响 /086

6.1　资料与方法 /087

6.1.1　研究资料 /087

6.1.2　研究方法 /087

6.2　结果与分析 /088

6.2.1　热带气旋期间海南岛臭氧浓度特征 /088

6.2.2　不同污染类别热带气旋的年际变化 /089

6.2.3　不同污染类别热带气旋的月际变化 /090

6.2.4　热带气旋强度与海南岛臭氧污染相关性 /090

6.2.5　热带气旋轨迹聚类分析 /092

6.2.6　不同路径类型热带气旋对海南岛臭氧浓度的影响　/094

6.2.7　热带气旋对海南岛臭氧浓度影响的成因分析　/094

6.2.8　2016 号台风"浪卡"概况　/095

6.2.9　台风"浪卡"期间海南岛臭氧浓度变化　/096

6.2.10　台风"浪卡"期间海南岛臭氧浓度与气象要素相关性　/098

6.2.11　台风"浪卡"过程对海南岛臭氧浓度的影响　/099

6.3　结论与讨论　/105

第 7 章　海南岛臭氧生成敏感性　/107

7.1　资料与方法　/108

7.1.1　研究资料　/108

7.1.2　研究方法　/108

7.2　结果与分析　/109

7.2.1　海南岛臭氧前体物浓度空间分布　/109

7.2.2　海南岛臭氧前体物浓度变化趋势　/109

7.2.3　海南岛臭氧前体物浓度年际变化　/110

7.2.4　海南岛臭氧前体物浓度季节变化　/111

7.2.5　海南岛臭氧前体物浓度月际变化　/114

7.2.6　海南岛臭氧生成敏感性空间分布　/114

7.2.7　海南岛臭氧生成敏感性变化趋势　/114

7.2.8　海南岛臭氧生成敏感性年际变化　/115

7.2.9　气象条件对海南岛臭氧生成敏感性的影响　/117

7.3　结论与讨论　/118

第 8 章　海南岛臭氧浓度统计预报技术　/119

8.1　资料与方法　/120

8.1.1　研究资料　/120

8.1.2　研究方法　/121

8.2　结果与分析　/122

8.2.1　海南岛臭氧浓度与关键气象因子的确立　/122

8.2.2　海南岛臭氧浓度预报效果检验　/125

8.2.3　海口市臭氧浓度与关键气象因子的确立　/126

8.2.4　海口市臭氧浓度预报效果检验　/127

8.2.5　海口市臭氧浓度等级预报效果检验　/129

8.3　结论与讨论　/130

参考文献　/131

第1章 海南岛气候概况和臭氧污染影响因素

1.1 研究背景和意义

城市空气污染是我国在快速城市化和经济发展过程中亟待解决的难题。1978—2020 年,中国国内生产总值(GDP)和城市化率年均增速分别为 9.98% 和 0.96%(蔺雪芹 等,2016),2020 年我国 GDP 突破了 10.1×10^{13} 亿元,城市化率达到了 63.58%(国家统计局,2021)。快速的经济增长和城市化无疑推动了物质财富的快速积累和人民生活水平的大幅度提高,然而相伴随的是大量化石燃料消耗和生态环境恶化(张小曳 等,2013),特别是 2000 年之后大气污染、灰霾、光化学烟雾等复合型大气环境问题日趋严重(丁一汇 等,2014;符传博 等,2014),2013 年更是遭遇了有观测资料以来的最严重污染天气(张人禾 等,2014),城市大气环境和公众健康受到严重影响(Chen et al.,2012;甄泉 等,2019),大气污染问题已经引起了政府部门和人民群众的高度关注。2013 年之后国家相继出台了《大气污染防治行动计划》《国务院关于印发打赢蓝天保卫战三年行动计划的通知》(国发〔2018〕22 号)等强有力的大气环境保护政策,国家"十三五"规划纲要明确提出"生态环境质量总体改善"是未来五年经济社会发展的主要目标之一。因此,多尺度了解城市空气质量变化及其内在机理关系不仅有利于科学认知城市大气污染变化特征与成因,还可以为区域性预防控制措施的制定实施提供参考借鉴。

海南省位于我国最南端,于 1988 年 4 月 26 日成立并建特区。其行政区域包括海南岛和中沙、西沙、南沙群岛及其海域,地理位置为 107°50′—119°10′E、3°20′—20°18′N,全省陆地面积 3.54 万 km²,授权管辖海洋面积约 210 万 km²,是我国陆地面积最小、海洋面积最大的热带海洋岛屿省份。海南岛是海南省面积最大的岛屿,约 3.43 万 km²,是我国仅次于台湾岛的第二大岛,地处 18°10′—20°10′N、108°37′—111°03′E,与广东省的雷州半岛琼州海峡相隔,属于热带季风海洋性气候,常以空气质量好、生态环境优美而著称(王春乙,2014)。本章首先回顾了国内外关于城市臭氧(O₃)污染的研究现状,其次给出了近 30 年(1991—2020 年平均,其中三亚市为 2009—2020 年平均)海南岛基本气候概况,最后梳理和总结了近年来针对海南岛 O₃ 污染的研究成果,结合目前近地面 O₃ 污染形成机理来讨论不同影响因子对海南岛 O₃ 质量浓度(简称 O₃ 浓度[①])的影响,并讨论了今后针对海南岛 O₃ 污染的研究方向。

1.2 国内外研究现状

大量的研究结果表明,臭氧(O₃)和细粒子(PM₂.₅)是对城市大气环境和人类健康影响最

---

① 本书中所提到的浓度均指质量浓度。

大的两类大气污染物(朱彤 等,2010;李莉,2013)。近几年,随着国家大气环境保护政策的实施,我国大部分城市的 $PM_{2.5}$ 浓度超标问题有所缓解(李云燕 等,2017),但 O_3 浓度却稳步上升,部分城市 O_3 已经代替 $PM_{2.5}$,成为最主要的大气污染物,尤以低纬度地区的城市更为突出(邓爱萍 等,2017;沈劲 等,2017)。相比于 $PM_{2.5}$,O_3 污染治理难度更大。

早在 20 世纪中期,随着欧洲及北美的许多大城市相继发生光化学烟雾事件(Haagen,1952;Moussiopoulos et al.,1995;Seinfeld et al.,1998;Vingarzan et al.,2003),科学家开始研究城市 O_3 产生的机理问题。美国科学家 Haagen Smit 在 1952 年就提出 O_3 是城市光化学烟雾的主要氧化剂,前体物是大气中的挥发性有机物(VOCs)和氮氧化合物(NO_x)。Junge(1962)提出了平流层产生的 O_3 下传到对流层,形成对流层 O_3 的源,而 O_3 在地面沉降成为对流层 O_3 的汇,从而保持对流层 O_3 的平衡。20 世纪 70 年代,Levy(1971)提出了对流层 OH 和 HO_2 自由基产生机理的假说。Chameides 等(1988)的研究发现,清洁大气中光化学反应也可以造成大气 O_3 浓度超标。随着大气化学研究的不断深入和数值模式的快速发展,更多的影响光化学反应因素被考虑和发现。Stockwell(1986)和 Pandis 等(1989)研究了包括气相、液相在内的大气光化学反应。Lelieveld 等(1990)还研究了云在光化学反应中的作用。Mckeen 等(1991)通过中尺度数值模式 MM4 和一个三维欧拉型模式分析了夏季高压系统下美国东部 O_3 的产生和变化规律。Nowak 等(2000)模拟研究了城市绿化对 O_3 生成潜势的影响,指出 O_3 浓度的降低可通过加大植树绿化来实现。Pulikesi 等(2006)在印度观测了大气臭氧的变化趋势,分析了 O_3 的月份和气象变化特征。Finlayson 等(2000)发现,北半球中纬度地区 O_3 浓度变化受到海拔、地理位置、人为活动的影响。Angela 等(2006)分析认为,O_3 浓度随海拔的增加而升高。

我国在 20 世纪 50—60 年代的西北地区,克拉玛依油田等处就有光化学烟雾产生(林秀 等,2003)。随后全国大部分城市也先后出现了光化学烟雾污染的迹象(黄亮,2014)。至 20 世纪末,在京津冀地区、珠江三角洲和长江三角洲出现了较为严重的区域性光化学烟雾(王雪松 等,2009;谢鹏 等,2010;胡正华 等,2012),特别是近些年,O_3 超过空气质量标准的频率在 50% 以上,其污染程度已经超过欧美特大城市(Haagen,1952;程念亮 等,2016)。目前国内针对城市 O_3 污染的研究主要集中在两个方面:①不同尺度及典型地区 O_3 浓度的变化特征解析。如全国尺度(李莉,2013;朱彤 等,2010;黄亮,2014)、典型区域城市群(王燕丽 等,2017)、西部工业城市(吴锴 等,2017)以及重大节事活动期间 O_3 变化特征分析(赵伟 等,2015)等。②O_3 浓度的影响因素研究。如前体物(Geng et al.,2008;安俊琳 等,2009)、气象因子(谈建国 等,2007;齐艳杰 等,2020)等对城市 O_3 浓度的影响。一些研究还关注了城市人类活动规律不同引起的 O_3 浓度"周末效应"(沈利娟 等,2015)、沿海城市的海陆风效应(何礼,2018)、台风过程(岳海燕 等,2018)等对 O_3 浓度的影响。现有的研究已经涉及多个空间尺度和时间尺度,对于未来我国城市 O_3 浓度变化趋势的问题,大家基本达成共识,即随着城市化和工业化的发展,O_3 污染有继续提升的潜势,并向中小型城市蔓延的趋势(吴婕,2016)。城市大气 O_3 污染已成为全国亟待解决的严峻课题。

1.3 海南岛气候概况

1.3.1 气温

1991—2020 年海南岛平均气温分布见图 1.1。海南岛平均气温空间分布呈中间低、四周高的环状分布特征,其值分布在 23.0~25.5 ℃。最低值出现在南部的三亚市(23.0 ℃),其原因与三亚市测站海拔高度偏高有关(419.4 m),其次是中部的五指山市和琼中县,仅为 23.4 ℃。最高值为西部的东方市(25.5 ℃)。春季(3—5 月)、夏季(6—8 月)、秋季(9—11 月)、冬季(12 月至次年 2 月)平均气温分别为 23.2~27.8 ℃、27.9~28.6 ℃、23.2~27.0 ℃、19.3~20.5 ℃,年极端最高气温和年极端最低气温分别为 34.9~41.1 ℃和-1.4~15.3 ℃,分别出现在北部内陆和中部山区。

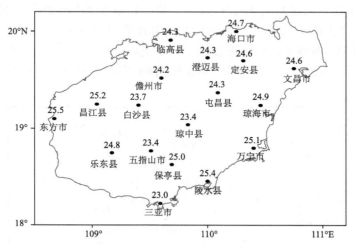

图 1.1 1991—2020 年海南岛平均气温分布(单位:℃)

1.3.2 降水量

图 1.2 为 1991—2020 年海南岛平均年降水量分布。海南岛平均年降水量呈由东往西逐渐减少的分布特征,其值分布在 1042.1~2306.4 mm。最小值出现在西部的东方市,平均年降水量只为 1042.1 mm,最大值为中部的琼中县,为 2306.4 mm。此外,四季海南岛平均年降水量差异显著,春季、夏季、秋季和冬季平均降水量分别为 324 mm、747 mm、675 mm 和

图 1.2 1991—2020 年海南岛平均年降水量分布(单位:mm)

92 mm,占年降水量的比例分别为 17.6%、40.6%、36.7%和 5.0%。干季和湿季分明,雨季一般出现在 5—10 月,干季在 11 月至次年 4 月,降水量占年降水量的比例分别为 80.4%~90.5%和 9.5%~19.6%。

1.3.3 相对湿度

1991—2020 年海南岛年平均相对湿度分布见图 1.3。海南岛四周环海,终年湿度较大。相对湿度呈由西南往东北逐渐递增的分布特征,其值分布在 75%~90%。最小值出现在西部的昌江县(75%),最大值为南部的三亚市(90%),其次是东部的文昌市(85%)。四季海南岛相对湿度差异相对较小,春季平均相对湿度为 76%~87%,夏季为 76%~86%,秋季为 77%~88%,冬季为 73%~86%。在空间分布上,四季空间分布特征基本与年平均分布特征一致。

图 1.3 1991—2020 年海南岛年平均相对湿度分布(%)

1.3.4 日照时数

图 1.4 为 1991—2020 年海南岛年平均日照时数分布。海南岛各地年日照时数差异较大,主要分布在 1720.1~2574.3 h,大致呈东北向西南增加的分布趋势。北部的澄迈县最少(1720.1 h),最大值是西部的东方市,达到了 2574.3 h。四季日照时数差异明显,夏季最多,春季和秋季次之,冬季最少。秋季常受冷空气和热带低值系统影响,冬季多受静止锋天气造成的低温阴雨天气影响,日照时数偏少。春季、夏季、秋季和冬季日照时数分别为 462.1~830.9 h、514.4~778.1 h、384.1~630.6 h 和 292.7~598.0 h。

1.3.5 气压

1991—2020 年海南岛年平均气压分布见图 1.5。海南岛各地年平均气压呈中间偏低、四周沿海偏高的分布特征,三亚站由于海拔偏高,气压偏低,只为 963.8 hPa。四周沿海市(县)(三亚市除外)海拔一般在 50 m 以下,年平均气压一般在 1003.9~1010.0 hPa,最高达到 1010.0 hPa(东方市)。中部山区的琼中县和五指山市年平均气压分别为 977.3 和 974.2 hPa,

海拔高度一般都在 180 m 以上。四季年平均气压略有差异,春季和秋季年平均气压基本在 974.2～1011.7 hPa,夏季和冬季分别为 968.8～1005.3 hPa 和 979.9～1017.0 hPa。

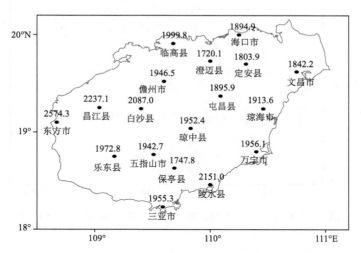

图 1.4　1991—2020 年海南岛年平均日照时数分布(单位:h)

图 1.5　1991—2020 年海南岛年平均气压分布(单位:hPa)

1.3.6　风速

图 1.6 为 1991—2020 年海南岛年平均风速分布。海南岛年平均风速最大值分布在南部的三亚市(5.2 m·s⁻¹),其次是西部的东方市(4.1 m·s⁻¹)。中部山区平均风速最小,只有 1.2～1.6 m·s⁻¹,最小值出现在白沙县和保亭县,只为 1.2 m·s⁻¹。一年中,各地一般是夏秋之交风速较小,而冬春之交和秋冬之交的时段,风速一般都比较大。由儋州、白沙、屯昌等构成的三角地带(位于西北部内陆),是全岛一年当中风速变化最小的区域,西部、东南部、东北部等沿海地区的风速变化一般都比较大。

图 1.6　1991—2020 年海南岛年平均风速分布（单位：m·s^{-1}）

1.4　海南岛臭氧污染的影响因素

1.4.1　前体物的影响

对流层 O_3 主要来源于汽车尾气及工业排放的氮氧化合物（NO_x）和挥发性有机物（VOCs）在紫外光（$h\nu$）的照射下，经过一系列复杂的光化学反应生成（耿福海 等，2012；符传博 等，2021a），大气中 NO_2—NO—O_3 的光解循环反应链如下：

$$NO_2 + h\nu \rightarrow NO + O \tag{1.1}$$
$$O_2 + O \rightarrow O_3 \tag{1.2}$$
$$O_3 + NO \rightarrow NO_2 + O_2 \tag{1.3}$$

从式（1.1）～（1.3）可以发现，只有 NO_x 的光解循环不会产生多余的 O_3，然而大气中有 VOCs 的加入后，上述循环则会被终止，VOCs 产生的 RO_2 和 HO_2 代替 O_3，完成 NO 向 NO_2 的转化，致使 O_3 累积，具体见式（1.4）～（1.6）：

$$O + H_2O \rightarrow 2OH \tag{1.4}$$
$$VOCs + OH \rightarrow RO_2 + CH_2O \tag{1.5}$$
$$RO_2 + NO \rightarrow NO_2 + PAN \tag{1.6}$$

式中，PAN 为氧乙酰硝酸酯，而且没有天然源，只有人为源。PAN 是重要二次污染物之一，往往被作为大气发生光化学烟雾的依据。RO_2 为过氧烷基。

O_3 前体物的来源包括自然源和人为源两方面，对于自然源，NO_x 来源于土壤和闪电（Fu et al.，2019），VOCs 来源于植物排放（程麟钧，2018）。人为源均包括工业、农业、交通、生活等多个方面，其中工业排放是 NO_x 和 VOCs 的主要来源（Li et al.，2017）。海南岛各个市（县）开展 O_3 及其前体物的实时监测时间各不相同，海口市开始时间是 2013 年（苏超，2016），三亚市开始时间是 2014 年（符传博 等，2020b），2015 年监测工作才在全岛铺开。监测年限相对较短，而且针对前体物和 O_3 浓度的研究工作也主要停留在较为简单的统计分析，并得出 O_3 浓度与

NO$_2$存在一定的正相关性结论(符传博 等,2020c)。事实上,我国不同地区 O$_3$ 浓度对前体物的敏感性各不相同,高污染区域 O$_3$ 浓度都属于 VOCs 控制区(耿福海 等,2012),而大部分城市为 NO$_x$ 控制区(Guo et al.,2019),还有部分城市为混合敏感区(Wang et al.,2019)。因此,根据不同地区 O$_3$ 浓度对前体物的敏感性进行协同减排控制,才能有效地控制 O$_3$ 污染。目前针对海南岛的相关工作还没有见报道,有待于进一步深入开展。

1.4.2　气象因子对臭氧污染的影响

气象因子能有效地影响对流层 O$_3$ 及其前体物的生成、传输和消散(符传博 等,2021a)。一般而言,高强度的太阳紫外辐射、高温、低湿、长日照时数、弱风速、有利的风向等气象条件能有效促进光化学反应速率,致使 O$_3$ 浓度上升(洪盛茂 等,2009;李顺姬 等,2018)。

气温的高低一方面能直接反映出太阳紫外辐射的强弱,另一方面温度偏高,分子碰撞更为频繁,光化学反应速率更快,因而气温与 O$_3$ 浓度有密切关系(王闯 等,2015;梁碧玲 等,2017)。如王玫等(2019)发现北京市 O$_3$ 浓度受气温影响较大,陆倩等(2019)的研究表明,石家庄市气温和 O$_3$ 浓度存在较好的正相关关系。Xu 等(2011)发现气温高于 21 ℃后,气温与 O$_3$ 浓度存在线性上升关系。对于海南岛而言,气温最高的夏季 O$_3$ 浓度最低(符传博 等,2020a)。符传博等(2020c)的分析结果表明,2015—2018 年海南岛气温与 O$_3$ 浓度呈负相关关系,这与我国其他南方城市一致(沈劲 等,2017;洪盛茂 等,2009)。这也说明在我国气温偏高的南方地区,O$_3$ 浓度更多受其他气象因素的影响,如降水、湿度、太阳紫外辐射等。

相对湿度是表征大气中水汽含量的一个物理量,而水汽的多少很大程度上影响着 O$_3$ 浓度的变化。其一,水汽偏大时,太阳紫外辐射会因消光机制而发生衰减,进而降低光化学反应速率(刘晶淼 等,2003);其二,水汽偏大会促进 O$_3$ 干沉降作用的发生(Sarah et al.,2017);其三,水汽在一定条件下会直接跟 O$_3$ 发生化学反应,直接消耗 O$_3$(姚青 等,2009)。海南岛四面环海,相对湿度常年偏高,近些年海南岛 O$_3$ 污染事件的发生,往往与北方干气团南下密切相关(符传博 等,2021b)。2017 年 10 月海口市一次持续 O$_3$ 污染过程中,海南岛北部低空相对湿度低至 30%(符传博 等,2021c)。

风向风速对 O$_3$ 的作用主要体现在传输和消散方面(符传博 等,2021a)。小风条件不利于O$_3$ 向外扩散,导致源地 O$_3$ 浓度上升;大风会加速 O$_3$ 从源地向外扩散,但同时可能会加大风向下游地区 O$_3$ 浓度的上升,污染物的外源输送会加大区域 O$_3$ 浓度变化(Wang et al.,2017)。海南岛位于我国最南端,北边毗邻珠三角地区,在冬季风的影响下,海南岛多次受北方污染物输送影响,如符传博等(2020d)利用后向轨迹模型分析了 2013—2018 年海口市 500 m 高度48 h 影响气流,发现广东是海口市大气污染物超标的主要潜在贡献源区,此外,福建、江西、湖南和广西东部等地的潜在贡献也较大。污染个例分析也表明,外源输送与海南岛 O$_3$ 浓度上升有较大关系(符传博 等,2021d)。

1.4.3　气候变化对臭氧污染的影响

工业革命以来,全球气候正经历着以变暖为主要特征的气候变化(IPCC,2013)。气候变化可以通过影响温度和湿度改变边界层高度和天气系统出现频率、调整大气环流形势等,进而影响 O$_3$ 及前体物的生成和传输(孙家仁 等,2011)。近几十年来,北半球气旋活动有明显的地区差异(王新敏 等,2007),而我国降水日数、地面风速等都出现了不同程度的减少趋势(江滢等,2010;张丽亚 等,2014),这些气候变化特征会影响和改变对流层 O_3 的生成、分布和传输等。海南岛近几十年气温也表现为上升的变化趋势(吴胜安 等,2009),同时伴随着相对湿度的下降(唐少霞 等,2010)。影响海南岛的台风存在一定的周期变化(李剑兵,2001)。目前针对海南岛气候变化对 O_3 浓度的影响还未见相关报道,其内在机理有待于进一步研究。

1.5　结论与讨论

(1)NO_x 和 VOCs 是 O_3 最重要的前体物,但用定量化解释其来源问题尚不明确,特别是区分其自然源或人为源的贡献比例问题尤为关键。此外,光化学反应过程是非常复杂的过程,自由基化学等研究正成为大气环境领域的热点。海南岛相对其他发达区域来说,这方面的观测和分析研究起步较晚,还有待于进一步深入研究。

(2)气象因子会显著影响对流层 O_3 浓度的变化,一般而言,高温、低湿、弱风速和有利的风向会造成海南岛 O_3 浓度升高,污染事件发生。海南岛这方面的研究多局限于气象因子与 O_3 浓度的相关分析,而定量化给出不同气象因子的变化对 O_3 浓度的影响还不多见。此外,对海南岛 O_3 污染时段天气形势的归类分析还未见报道,加强这方面的研究,对气象和环境部门的预报工作有一定的指导意义。

(3)受限于 O_3 和前体物的观测年限,气候变化对 O_3 浓度的影响分析开展得不多,且多采用数值模式来开展。海南岛的气候有很多具有地方特征的变化,如海陆风、山谷风、地形和热带气旋等的影响,今后的研究重点应改进反演算法,从而获得比较可靠的长时间序列 O_3 浓度资料,进而可以用于探讨气候变化对海南岛 O_3 浓度的影响。

第 2 章　海南岛臭氧浓度时空变化特征

O_3 在大气中是一种痕量气体,90% 分布在 $10\sim50$ km 的平流层中,仅有 10% 分布在对流层内(盛裴轩 等,2013)。作为主要的大气污染物之一,O_3 在大气化学、气候变化和空气质量等方面都起着极为重要的作用(IPCC,2007;William et al.,2018)。对流层中 O_3 主要是由氮氧化合物(NO_x)、挥发性有机物(VOCs)和一氧化碳(CO)等前体物在太阳紫外光下发生一系列复杂的光化学反应生成(王佳颖 等,2019;符传博 等,2021a),少部分则通过扩散和湍流方式由平流层输送下来(王明星,1991)。对流层 O_3 浓度的上升会严重危害人体健康,包括刺激人体呼吸系统、破坏免疫系统、引发炎症和呼吸系统疾病等(Fuhrer,2009;陈仁杰 等,2010)。此外,高浓度 O_3 还会对生态环境和农业生产等产生较大不利影响(耿春梅 等,2014;冯兆忠 等,2018)。近年来,对流层 O_3 浓度的增加已经引起政府和民众越来越广泛的关注,同时 O_3 污染的相关研究也成为大气环境领域的热点和难点之一(耿福海 等,2012;刘楚薇 等,2020)。

国外早在 20 世纪 60 年代就对城市 O_3 污染的化学机理问题开展了相关研究(Junge,1962),而我国由于产能结构、气候特点和污染类型不同,早期的大气污染研究和相关防控工作主要集中在颗粒物污染。随着近年来近地面 O_3 浓度的增加,O_3 已经成为我国继细颗粒物($PM_{2.5}$)之后的第二大污染物,甚至在华东和华南等地 O_3 已经取代 $PM_{2.5}$,成为最主要的大气污染物(沈劲 等,2017;邓爱萍 等,2017)。O_3 污染的来源分析和防治工作引起了专家学者的重视,并开展了一系列 O_3 污染的研究工作(王雪松 等,2009;程念亮 等,2016)。目前开展的 O_3 污染研究主要有 O_3 形成机制(Junge,1962;Pandis et al.,1989)、污染特征(李霄阳 等,2018)和来源(杨辉 等,2013;Wang et al.,2019)、影响因素(余益军 等,2020)及监测预报(刘烽 等,2017)等方面,而且主要集中在京津冀、长三角、珠三角、四川盆地等高污染地区,污染相对较轻的区域 O_3 污染研究较为滞后。

本章基于 2015—2020 年海南岛 18 个市(县)32 个监测站 O_3 浓度和同期气象观测资料,利用 Cressman 客观分析等多种统计方法,摸清 O_3 浓度水平及变化趋势,以期为当地政府制定切实可行的环境管理政策和气象与环保部门的预报服务工作等提出理论依据。

2.1　资料与方法

2.1.1　研究资料

目前海南省生态环境厅实时对外发布的 18 个市(县)共计 32 个市(区)空气质量监测站(http://kq.hnsthb.gov.cn:8088/EQGIS/)分布如图 2.1 所示。监测的大气污染物要素包括

SO_2、NO_2、O_3、CO、PM_{10} 和 $PM_{2.5}$，其中 O_3、SO_2、NO_2 采用瑞典某公司的长光程仪器，PM_{10}、$PM_{2.5}$ 和 CO 分别采用美国某公司点式 5030、FH62C14 和 48i 型监测仪器自动监测。考虑到各个市（县）自动监测仪器安装的开始时间不同，而 2015 年之后资料才较为完整，因此，在研究海南岛 O_3 浓度时空分布特征时，选取了 2015—2020 年逐时 O_3 浓度资料进行分析。

图 2.1　海南岛 18 个市（县）的 32 个市（区）空气质量监测站分布

2.1.2　研究方法

（1）Cressman 客观分析方法

本章首先根据《环境空气质量标准》（GB 3095—2012）中的规定，计算出各个站点 O_3 浓度的 8 h 滑动平均最大值（O_3-8h 浓度），再算出各个市（县）所有站点的 O_3-8h 浓度算术平均值，最后利用 Cressman 插值方法进行空间插值。该方法是基于 Cressman 客观分析函数，对有限区域内的猜测场进行逐步订正的方法，由于该方法插值结果与原始资料较为接近，误差较小（Cressman，1959；冯锦明 等，2004），并被广泛应用于各种数据分析和气候诊断中（胡娅敏 等，2008；符传博 等，2020a）。具体公式如下：

$$\alpha' = \alpha_0 + \Delta\alpha_{ij} \tag{2.1}$$

其中

$$\Delta\alpha_{ij} = \frac{\sum_{k=1}^{K}(W_{ijk}^2 \Delta\alpha_k)}{\sum_{k=1}^{K}W_{ijk}} \tag{2.2}$$

式中，α 为任一观测要素，α_0 是变量 α 在格点 (i,j) 上的第一猜测值，α' 是变量 α 在格点 (i,j) 上的订正值；$\Delta\alpha_k$ 是观测点 k 上的观测值与第一猜测值之差；W_{ijk} 是权重因子，在 0.0～1.0 变化；k 指观测站点；K 是影响半径 R 内的站点数。Cressman 客观分析方法最重要的是权重函数 W_{ijk} 的确定，它的一般形式为

$$W_{ijk} = \begin{cases} \dfrac{R^2 - d_{ijk}^2}{R^2 + d_{ijk}^2} & (d_{ijk} < R) \\ 0 & (d_{ijk} \geqslant R) \end{cases} \tag{2.3}$$

式中,影响半径 R 的选取具有一定的人为因素,一般取常数。R 选取的原则是由近及远进行扫描,常用的几个影响半径是 1、2、4、7 和 10。d_{ijk} 是格点 (i,j) 到观测点 k 的距离。

（2）经验正交函数分解

经验正交函数分解（EOF）,也称特征向量分析或者主成分分析,是一种将物理量场正交分解为空间场和时间系数乘积、提取主要数据特征量的方法。其优点是提取出来的空间函数部分特征向量不随时间变化,而时间函数部分与空间无关。其具体方法如下：

$$\boldsymbol{X} = \begin{bmatrix} x_{11} & \cdots & x_{1n} \\ \vdots & & \vdots \\ x_{m1} & \cdots & x_{mn} \end{bmatrix} \tag{2.4}$$

某一物理量场可以以矩阵（m 表示为空间点,n 表示为时间点）的形式表示,如式（2.4）所示。将式（2.4）矩阵分解成空间函数 $\boldsymbol{V}$ 和时间函数 $\boldsymbol{T}$ 两个部分,如式（2.5）所示：

$$\boldsymbol{X} = \boldsymbol{VT} \tag{2.5}$$

式中,$\boldsymbol{V}$ 为空间函数矩阵,$\boldsymbol{T}$ 为时间函数矩阵,$\boldsymbol{V}$ 的每一列表示一个模态的空间典型场,只与空间有关,对应的 $\boldsymbol{T}$ 序列表示该模态的时间函数,描述了该模态的时间变化规律,也称为主分量（魏凤英,2007）。

（3）气候倾向率

气候倾向率采用公式（2.6）进行计算。其中 y 表示 O_3-8h 浓度,样本量为 n,用 x 表示 y 所对应的时间样本序列号,建立 x 与 y 之间的一元线性回归方程：

$$y_i = a + bx_i \quad (i = 1, 2, \cdots, n) \tag{2.6}$$

式中,a 为回归常数,b 为回归系数,其值为上升或下降的速率,即表示上升或下降的倾向度（符传博 等,2016a）,$b>0$,说明随时间 x 增加 y 呈上升趋势,$b<0$,说明随时间 x 增加 y 呈下降趋势。

（4）趋势系数

趋势系数 r_{xt} 采用公式（2.7）进行计算,该趋势系数定义为 n 个时刻（年）的要素序列与自然数列 $1, 2, \cdots, n$ 的相关系数：

$$r_{xt} = \frac{\sum\limits_{i=1}^{n} (x_i - \overline{x})(i - \overline{t})}{\sqrt{\sum\limits_{i=1}^{n} (x_i - \overline{x})^2 \sum\limits_{i=1}^{n} (i - \overline{t})^2}} \tag{2.7}$$

式中,n 为年数。x_i 是第 i 年要素值,$\overline{x}$ 为样本均值,$\overline{t} = (n+1)/2$。显然,这个值为正（负）时,表示该要素在所计算的 n 年内有线性增加（减小）的趋势。r_{xt} 符合自由度为 $n-2$ 的 t 分布,其显著性通过 t 检验进行判断（魏凤英,2007）。

2.2　结果与分析

2.2.1　海南岛臭氧污染的空间分布

图 2.2 为 2015—2020 年平均的海南岛 18 个市（县）O_3-8h 浓度及超标天数累加值的空间分布。图 2.2a 表明,O_3-8h 浓度呈现北部和西部偏高,中部、东部和南部偏低的分布特征。西

部和北部的大部分市（县）O₃-8h 浓度均超过了 70 μg·m⁻³，最高值出现在东方市，高达 91.5 μg·m⁻³，中部、东部和南部的市（县）基本在 70 μg·m⁻³ 以下，最低值出现在中部山区的琼中县，为59 μg·m⁻³。2015—2020 年的 O₃-8h 浓度超标天数累加值分布显示（图 2.2b），超标天数累加值空间分布与 O₃-8h 浓度基本一致，西部和北部的大部分市（县）超标天数偏高，其中最高的为东方市，超标天数高达 61 d。此外，澄迈县、海口市、临高县超标天数为 48 d 或 50 d，O₃-8h 浓度整体超标偏多。中部、东部和南部市（县）超标天数基本在 30 d 以下，最低值出现在五指山市，为 2 d。

海南岛 O₃-8h 浓度和超标天数累加值的空间分布与不同市（县）的气候环境和经济发展水平差异有很大关系（王春乙，2014）。受东亚季风、台风活动和海南岛地形的共同影响，西北半部年降水量明显偏少于东南半部，加之气温偏高，日照充足，水汽偏低，植被相对稀少，导致光化学反应速率偏快，O₃ 浓度维持较高水平，超标天数偏多。而东南半部地区是海南岛台风影响最为频繁的地区，年降水量偏多，植被茂盛，湿度较大，光化学反应受到一定的抑制，O₃ 浓度相对偏低，超标日数偏少。此外，像西部和北部的海口市、儋州市等市（县），人口基数、机动车保有量、GDP 等整体都较大（符传博 等，2016b），因而导致人为排放的 O₃ 前体物也较多，导致 O₃ 浓度维持较高水平，O₃-8h 浓度超标。

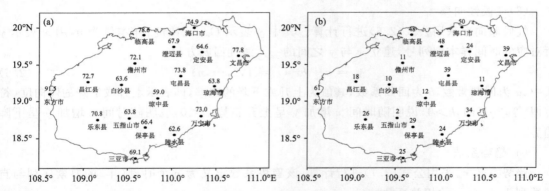

图 2.2　2015—2020 年海南岛 O₃-8h 平均浓度（a，单位：μg·m⁻³）及超标天数累加值（b，单位：d）分布

2.2.2　海南岛四季臭氧浓度的空间分布

图 2.3 给出了 2015—2020 年海南岛四个季节平均的 O₃-8h 浓度空间分布。从中可知，海南岛 O₃-8h 浓度有明显的季节变化特征。秋季 O₃-8h 浓度明显偏高，冬季和春季次之，夏季最低。从空间分布上看，北部和西部市（县）O₃-8h 浓度偏高于其余地区，这与年平均 O₃-8h 浓度空间分布一致，其原因主要与海南岛不同地区经济发展水平和自然条件有关（符传博 等，2020a）。从不同季节上看，春季 O₃-8h 浓度呈现西部和北部偏高，东部、中部和南部偏低的分布特征，其中东方市 O₃-8h 浓度高达 94.4 μg·m⁻³。夏季是海南岛降水主要发生季节，受降水的冲刷作用和偏南气流影响，海南岛 O₃-8h 浓度普遍偏低，其中中部的琼中县 O₃-8h 浓度低至 41.4 μg·m⁻³。秋季北方冷空气开始活跃，偏北气流携带大量 O₃ 前体物影响海南岛。加之海南岛纬度偏低，秋季气温还维持较高水平，光化学反应剧烈，秋季是海南岛 O₃-8h 浓度最高的季节，其中 O₃ 污染事件也多数发生在秋季（符传博 等，2021d）。冬季海南岛 O₃-8h 浓度分布较为均匀，其中中部、东部和南部的市（县）O₃-8h 浓度也较其他季节有所上升，北部市

（县）O₃-8h 浓度低于秋季。冬季受季风影响，海南岛受北方污染气团影响较为明显，但是由于冬季气温偏低，光化学反应速率偏慢，因而冬季 O₃-8h 浓度低于秋季。

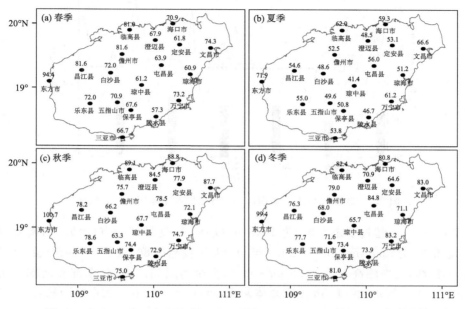

图 2.3　2015—2020 年海南岛四季 O₃-8h 浓度空间分布（单位：μg·m⁻³）

2.2.3　海南岛臭氧浓度年际变化

图 2.4 为 2015—2020 年海南岛 O₃-8h 浓度的年际变化及其标准差。从图中可以发现，一方面，2015—2020 年海南岛 O₃-8h 浓度逐年略有下降，O₃-8h 浓度气候倾向率和气候趋势系数分别为 -0.65 μg·m⁻³·a⁻¹ 和 -0.414，表明近年来海南省政府大力推行大气污染防治工作已经取得一定的成效；另一方面，2015—2020 年 O₃-8h 浓度不同月份变化幅度有增大的趋势，即 O₃ 污染较重的月份与较轻的月份差异越来越显著，这从海南岛 O₃-8h 浓度标准差的变化上体现得更为明显。冬半年在冬季风的控制下，海南岛容易受偏北气流携带的外来污染物影响（符传博 等，2020a）；此外，随着海南岛“候鸟型”养老产业的蓬勃发展（翟羽 等，2015），餐饮排放、汽车保有量和电量消耗等增加，必定会加剧本地大气污染物排放，O₃ 浓度影响因素更为复杂，加大了治理难度。

图 2.5 为 2015—2020 年海南岛 O₃-8h 浓度的逐年空间分布。整体上看，近 6 年海南岛 O₃-8h 浓度的空间分布基本一致，均表现为西部和北部市（县）O₃-8h 浓度高于中部、东部和南部市（县）。从年际变化上看，2015 年是 2015—2020 年 O₃-8h 浓度最高的一年，超过 80 μg·m⁻³ 的市（县）有西部的东方市、昌江县、乐东县和临高县，以及东部的万宁市和屯昌县，其中东方市最高，为 97.5 μg·m⁻³。2016 年 O₃-8 浓度总体有所下降，西部的昌江县、乐东县和临高县等均下降至 71 μg·m⁻³ 以下，东方市 O₃-8h 浓度下降至 95.5 μg·m⁻³，仍为全岛最高。2017 年北部和西部的市（县）O₃-8h 浓度有所上升，海口市和文昌市超过了 78 μg·m⁻³，东方市也达到了 2015—2020 年的最高值，为 105.4 μg·m⁻³。其余市（县）O₃-8h 浓度较 2016 年变化不大。2018 年 O₃-8h 浓度超过 80 μg·m⁻³ 的市（县）有东方市、澄迈县和文昌市，其中文昌市达

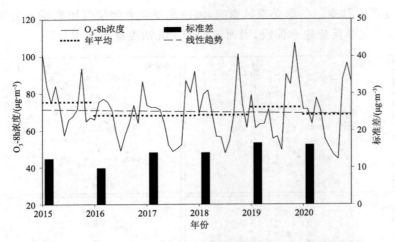

图 2.4　2015—2020 年海南岛 O_3-8h 浓度的年际变化及其标准差

到了 87.7 $\mu g \cdot m^{-3}$，超过了东方市，为 2018 年 O_3-8h 浓度最高的市（县）。西南部的乐东县 O_3-8h 浓度最低，为 53.5 $\mu g \cdot m^{-3}$。2019 年 O_3-8h 浓度超过 80 $\mu g \cdot m^{-3}$ 的市（县）主要分布在西部和北部沿海，其中临高县为 89.5 $\mu g \cdot m^{-3}$，为全岛最高。中部、东部和南部主要分布在 70 $\mu g \cdot m^{-3}$ 以下。2020 年 O_3-8h 浓度总体偏低，超过 78 $\mu g \cdot m^{-3}$ 的市（县）只有东方市、临高县和海口市，其余均在 50～75 $\mu g \cdot m^{-3}$。2015—2020 年全岛平均的 O_3-8h 浓度从大到小排列为：2015 年＞2019 年＞2020 年＞2018 年＞2016 年＞2017 年。

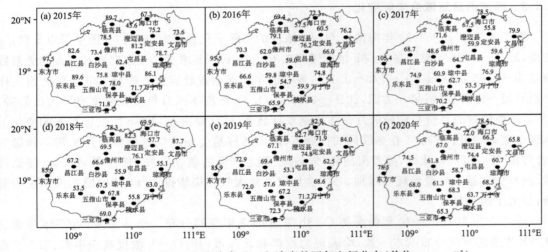

图 2.5　2015—2020 年海南岛 O_3-8h 浓度的逐年空间分布（单位：$\mu g \cdot m^{-3}$）

此外，海南岛各个市（县）O_3-8h 浓度超标天数占比分布如图 2.6 所示。从中可知，年平均 O_3-8h 浓度偏高的市（县）超标率同样较高，但是不同年份超标率分布特征不同。对比而言，沿海地区 O_3-8h 浓度超标占比偏大于内陆地区。从不同年份上看，海南岛 O_3-8h 浓度超标占比表现为上升趋势，其中 2019 年是 2015—2020 年超标占比最大的一年，北部的海口市、澄迈县、临高县、定安县和屯昌县占比超过了 4%，其中海口市高达 5.75%，是所有市（县）中超标占比最大的。而 2016 年是 2015—2020 年中 O_3-8h 浓度超标占比最小的一年，各个市（县）超标占比除了东方市以外,其余市(县)均在 1‰ 以下。结合表 2.1 给出的海南岛历年气象因子可知,2019 年平均气温为 25.49 ℃,是 2015—2020 年中最高的,降水量偏少,相对湿度偏低,太阳总辐射偏强,气象条件有利于光化学反应,致使 O_3-8h 浓度上升;2016 年与 2019 年气象条件基本相反,降水量高达 2218.8 mm,平均气温偏低,相对湿度偏高,太阳总辐射偏弱,气象条件不利于 O_3-8h 浓度的上升。O_3-8h 浓度超标占比与气象条件有很好的对应关系。此外,2015 年 O_3-8h 浓度超标率高值出现在东部和西南部,2017 年和 2018 年则出现在北部,2020 年出现在北部和西部,不同年份超标率高值区分布可能与局地的气象条件和排放的空间分布有关,其内在机理还有待于进一步分析。

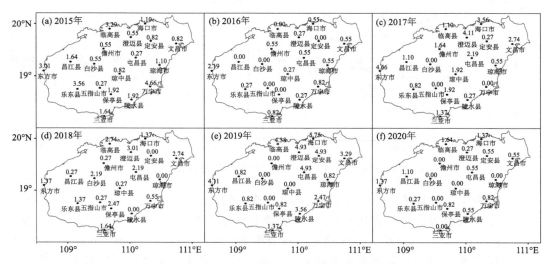

图 2.6　2015—2020 年海南岛 O_3-8h 浓度超标率的逐年空间分布(单位:$\mu g \cdot m^{-3}$)

表 2.1　2015—2020 年海南岛 O_3-8h 浓度和气象要素的对比

年份	O_3-8h 浓度/ ($\mu g \cdot m^{-3}$)	平均气温/ ℃	降水量/ mm	太阳总辐射/ ($MJ \cdot m^{-2}$)	日照时数/ ($h \cdot d^{-1}$)	相对湿度/ %	平均风速/ ($m \cdot s^{-1}$)	气压/ hPa
2015	76.59	25.13	1380.1	16.28	6.22	81.66	2.08	998.20
2016	68.10	24.70	2218.8	14.70	5.35	83.40	2.02	997.64
2017	68.07	24.67	1983.2	14.67	5.16	83.61	1.98	998.05
2018	68.26	24.43	2086.7	15.35	5.35	82.49	1.93	997.61
2019	72.53	25.49	1654.2	15.99	5.79	80.99	1.92	997.52
2020	68.44	25.08	1610.1	14.94	5.06	80.96	2.11	997.68

2.2.4　海南岛臭氧浓度变化趋势

图 2.7 为海南岛 O_3-8h 浓度气候趋势系数空间分布。可以看出,2015—2020 年海南岛 O_3-8h 浓度变化呈现明显的区域特征,表现为上升趋势的市(县)共有 6 个,分别为海口市、澄迈县、临高县、文昌市、屯昌县和陵水县,其中海口市、澄迈县和屯昌县的气候趋势系数通过了 95% 的信度检验。表现为下降趋势的市(县)共有 12 个,其中有 6 个气候趋势系数通过了

95％的信度检验。由于2019年末新冠病毒开始迅速蔓延,2020年1月24日开始,我国大部分地区实行了交通管制、工厂停工、杜绝聚会、学校停课和公司停班等(旷雅琼 等,2021),而且持续时间和影响规模都是以往活动不可比拟的。防疫工作的开展在一定程度上影响着2020年观测的大气污染物浓度数据,因此作者进一步计算了海南岛O_3-8h浓度2015—2019年的气候趋势系数,如图2.7b所示。相比而言,2015—2019年北部市(县)的O_3-8h浓度上升更为显著,除了海口市、澄迈县和屯昌县以外,文昌市的O_3-8h浓度气候趋势系数也通过了95％的信度检验,其中澄迈县在0.6以上。

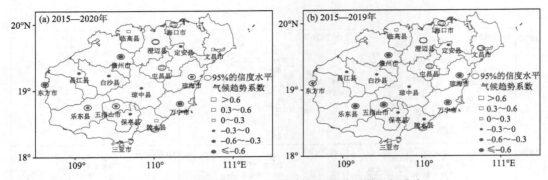

图2.7　海南岛月平均O_3-8h浓度气候趋势系数空间分布

图2.8为4个季节海南岛O_3-8h浓度的年际变化趋势。从图中可以看出,春季、夏季和冬季O_3-8h浓度表现为下降的变化趋势,其气候倾向率分别为-1.37(春季)、-1.65(夏季)和-1.11 $\mu g \cdot (m^3 \cdot a)^{-1}$(冬季),气候趋势系数分别为$-0.779$、$-0.705$和$-0.528$,均通过了80％的信度检验(表2.2),其中春季达到了95％的信度检验,O_3-8h浓度下降较为显著。值得关注的是,秋季O_3-8h浓度表现为显著的上升趋势,其气候倾向率和气候趋势系数分别为2.05 $\mu g \cdot (m^3 \cdot a)^{-1}$和0.507,通过了80％的信度检验。从$O_3$-8h浓度标准差上可以发现,2015—2020年海南岛O_3-8h浓度有明显上升的变化趋势,表明O_3污染较重的月份与较轻的月份差异越来越显著,这一现象值得关注。

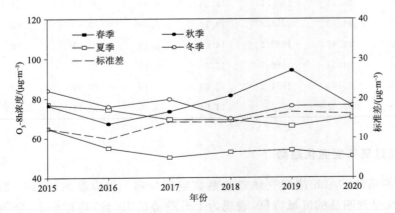

图2.8　2015—2020年海南岛四季O_3-8h浓度与标准差的年际变化

表 2.2 2015—2020 年海南岛 O_3-8h 浓度的年平均值和四季变化趋势

	平均值/ ($\mu g \cdot m^{-3}$)	均方差/ ($\mu g \cdot m^{-3}$)	气候倾向率/ ($\mu g \cdot (m^3 \cdot a)^{-1}$)	气候趋势系数	信度检验/%
年平均	70.33	3.21	−0.65	−0.414	不显著
春季	71.07	3.59	−1.37	−0.779	95
夏季	54.60	4.81	−1.65	−0.705	90
秋季	78.12	8.29	2.05	0.507	80
冬季	77.05	4.30	−1.11	−0.528	80

2.2.5 海南岛臭氧浓度月际变化

根据全岛 32 个空气质量监测站点的 2015—2020 年 O_3 监测数据,通过平均值处理,得到 2015—2020 年海南岛 O_3-8h 浓度逐月变化(图 2.9)。O_3-8h 浓度在全年中基本呈现"双峰型",最大值出现在 10 月,次大值出现在 4 月,这与珠三角地区的城市变化趋势一致(李连和, 2017)。1—4 月 O_3-8h 浓度变化不大,分布在 80 $\mu g \cdot m^{-3}$ 附近,5 月之后快速下降,并在 7 月达到最低值,平均值为 53.33 $\mu g \cdot m^{-3}$。8—10 月上升迅速,10 月是 O_3-8h 浓度全年最高的月份,平均值为 88.29 $\mu g \cdot m^{-3}$。11 月和 12 月 O_3-8h 浓度也较高,维持在 75 $\mu g \cdot m^{-3}$ 附近。

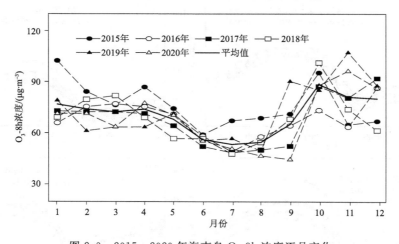

图 2.9 2015—2020 年海南岛 O_3-8h 浓度逐月变化

从总体变化趋势上看,海南岛 O_3 污染秋季较严重,春季和冬季次之,夏季最轻。这种变化特征与我国北方城市基本相反(余益军 等,2020;符传博 等,2021d),北方城市冬季虽因供暖等原因有更为严重的人为源排放,但太阳辐射较弱,气温较低,不易于发生光化学反应,故而 O_3 污染较轻(余益军 等,2020)。6—8 月,海南岛 O_3-8h 浓度最低,此时正属于夏季,尽管气温较高,但是夏季也是海南岛最主要的降水季节,雨水的冲刷作用不利于 O_3 浓度的升高,同时较高的水汽条件能有效降低光化学反应,致使 O_3 浓度降低(徐锟 等,2018)。10 月海南岛正属于秋季,北方冷空气开始活跃,从内陆地区南下的干冷气团携带了大量污染物影响海南岛,湿度较低,加上海南岛纬度偏低,此时温度还没有大幅度下降,光化学反应剧烈,O_3-8h 浓度最高。

从年份上看,2015 年 O_3-8h 浓度在 1—6 月比其他年份要高,而 2019 年和 2020 年的 11 月 O_3-8h 浓度明显高于其他年份,具体原因还有待于进一步分析。

2.2.6　海南岛臭氧浓度日变化

图 2.10 给出了海南四季 O_3 浓度日变化的曲线。从图中可以看出,四季 O_3 浓度均表现为单峰型的变化特征,高值出现在 15:00—18:00(北京时,下同)。O_3 是一种二次污染物,其光化学反应过程受温度、光照和太阳辐射等因子的强烈影响(张春辉 等,2019)。夜间由于没有太阳辐射和光照,气温较低,光化学反应弱,因而 O_3 浓度较低,基本分布在 60 $\mu g \cdot m^{-3}$ 以下。08:00 之后,随着太阳辐射的增强和气温的升高,光化学反应剧烈,O_3 的生成大于消耗,O_3 浓度开始积累升高,并在 15:00—18:00 达到峰值,之后随着太阳辐射和气温的降低,O_3 浓度也稳定下降。从不同季节上看,春季和秋季 O_3 浓度的日变化幅度要大于夏季和冬季,这可能与这两个季节气温日较差较大有关。从峰值出现时段来看,夏季峰值出现最早,分布在 13:00—15:00,冬季最晚,为 16:00—18:00,春季和秋季介于两者之间。夏季气温随着太阳的升起上升较快,光化学反应也会偏早于其他季节,因而 O_3 浓度达到峰值时段偏早。冬季由于气温总体偏低,光化学反应出现时间偏晚,因此 O_3 浓度峰值的出现时间也偏晚 2～3 h。从平均峰值来看,O_3 浓度由高到低的季节排列为冬季＞春季＞秋季＞夏季。从年份来看,除了秋季以外,2015 年三季的 O_3 浓度均超过了其余 3 年,但是 2019 年秋季最高。

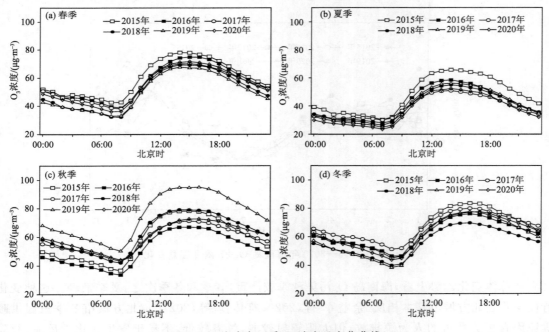

图 2.10　海南岛四季 O_3 浓度日变化曲线

2.2.7　海南岛臭氧浓度的经验正交函数分解分析

对海南岛 18 个市(县)2015—2020 年月平均 O_3-8h 浓度进行标准化处理,再利用经验正交函数分解(EOF)方法分解。前 3 个模态和对应的主分量(PCs)分别占总方差贡献的

63.73％、8.85％和 5.55％(表 2.3)，三个模态均通过了 North's 检验(Norrh et al.，1982；周国华 等,2012)。从 EOF 第一模态(EOF1)和第二模态(EOF2)的空间分布以及对应的主分量 (PC1 和 PC2)可以看出(图 2.11)，第一主成分体现了海南岛 O_3-8h 浓度的一致性变化特征。第一模态均被正值覆盖，其中高荷载区分别位于西部的昌江县、南部的保亭县、陵水县和三亚市，以及东部的琼海市，最大值为 0.269，表征这些站点 O_3-8h 浓度具有高度的正相关性。低荷载区位于北部的澄迈县，中心值为 0.174，表明澄迈县 O_3-8h 浓度变化与其他市(县)相关性较弱。结合第一主分量(PC1)可知，海南岛 O_3-8h 浓度呈现显著的季节性振荡特征，其中秋季 O_3-8h 浓度偏高，夏季 O_3-8h 浓度偏低，而且全岛 18 个市(县)均具有统一的季节性振荡。第二主成分体现的是海南岛 O_3-8h 浓度变化的不均匀性。第二模态从海南岛自北向南呈现"＋""－""＋"的分布特征，北部的海口市、澄迈县和临高县，东部的文昌市，中部的屯昌县和琼中县，以及南部的三亚市 EOF2 为正值，其他市(县)均为非正值。正值区域中高荷载区位于北部的澄迈县，为 0.571，而负值区域高荷载区位于乐东县，为 −0.334，表征这两个市(县)的 O_3-8h 浓度有明显的负相关性。从第二主分量(PC2)上看，2017 年的年末到 2019 年的年底，EOF2 为正值的市(县)O_3-8h 浓度偏高，其余时段 O_3-8h 浓度偏低；反之，EOF2 为负值的市(县)O_3-8h 浓度在 2017 年的年末到 2019 年的年底偏低，其余时段偏高。第二主成分具有明显的地区差异。

表 2.3　海南岛月平均 O_3-8h 浓度前 3 个 EOF 特征向量方差贡献　　　　　％

	1	2	3
个别方差	63.73	8.85	5.55
累积方差	63.73	72.58	78.13

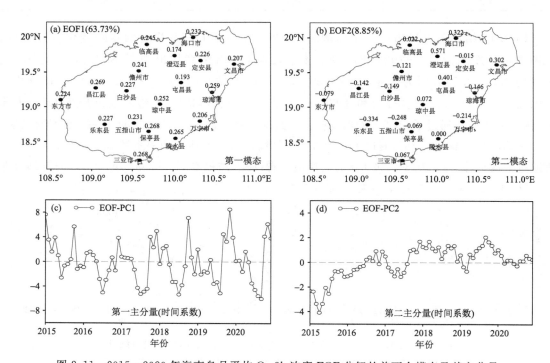

图 2.11　2015—2020 年海南岛月平均 O_3-8h 浓度 EOF 分解的前两个模态及其主分量

2.2.8 海口市臭氧浓度年际变化

海口市环境监测国控站在 2013 年就开始布控,因此本节选取了 2013—2020 年海口市区 4 个环境监测国控站的 O_3 小时监测数据进行分析,站点分别为海南大学子站(海大站)、海南师范大学子站(海师站)、龙华路环保局宿舍子站(龙华站)和秀英海南医院子站(秀英站),都为城市测站,具体站点信息见参考文献(宋娜 等,2015)。表 2.4 给出了海口市区 4 个环境监测站 2013—2020 年 O_3 小时监测数据的个数及有效率。从表中可以看出,2013—2020 年 4 个站点的监测数据有效率基本都在 90% 以上,可以满足本书的研究需要。2013 年海大站和秀英站监测数据有效率分别为 89.03% 和 87.76%,低于 90%,而海师站和龙华站保持在 93% 以上。2014—2020 年 4 个站点数据有效率均在 92% 以上,其中 2015 年、2016 年、2017 年和 2018 年均在 98% 以上,数据监测质量较好。

表 2.4 海口市各个站点 O_3 监测数据个数及有效率

年份	小时数据个数/个				小时数据有效率/%			
	海大站	海师站	龙华站	秀英站	海大站	海师站	龙华站	秀英站
2013	7799	8440	8153	7688	89.03	96.35	93.07	87.76
2014	8124	8151	8074	8243	92.74	93.05	92.17	94.10
2015	8681	8631	8595	8720	99.10	98.53	98.12	99.54
2016	8716	8712	8696	8727	99.23	99.18	99.00	99.35
2017	8671	8603	8757	8666	98.98	98.21	99.97	98.93
2018	8600	8642	8748	8634	98.17	98.65	99.86	98.56
2019	8521	8452	8495	8534	97.27	96.48	96.97	97.42
2020	8089	8667	8486	8541	92.09	98.67	96.61	97.23

图 2.12 给出了海口市区 4 个监测站 2013—2020 年 O_3-8h 浓度的年际变化及趋势线。从图中可以发现,2013—2020 年海口市 4 个站点 O_3-8h 浓度均出现了不同程度的上升,气候倾向率(表 2.5)分别为 1.43 $\mu g \cdot (m^3 \cdot a)^{-1}$(海大站)、4.16 $\mu g \cdot (m^3 \cdot a)^{-1}$(海师站)、4.02 $\mu g \cdot (m^3 \cdot a)^{-1}$(龙华站)和 3.67 $\mu g \cdot (m^3 \cdot a^{-1})$(秀英站)。趋势系数最大值出现在龙华站,达到了 0.929,通过了 99.9% 的信度检验。其次是秀英站,为 0.834,通过了 99% 的信度检验。海师站的趋势系数为 0.785,通过了 90% 的信度检验,而海大站的趋势系数最小,只为 0.509,没有通过信度检验。从 2013—2020 年的平均值上看,海大站最高,为 80.08 $\mu g \cdot m^{-3}$,海师站和龙

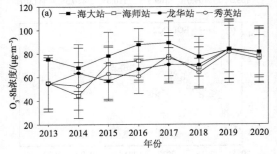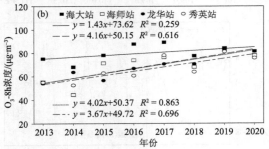

图 2.12 2013—2020 年海口市各个站点 O_3-8h 浓度(a)和趋势线(b)

(说明:x 代表数据的序号,y 代表对应的数值,R^2 代表判定系数,下同)

华站次之,分别为 68.87 $\mu g \cdot m^{-3}$ 和 68.46 $\mu g \cdot m^{-3}$,秀英站最小,只为 66.25 $\mu g \cdot m^{-3}$。不同站点的 O_3-8h 浓度及其变化可能与站点所在地理位置有关,海大站位于海口市的最北边,离海岸线较近,容易受外源输送和海陆风影响,而其他 3 站位于市区主干道附近,本地源的影响更为突出。

表 2.5　2013—2020 年海口市各站点 O_3-8h 浓度的平均值、标准差、趋势系数及气候倾向率

站名	纬度/°N	经度/°E	平均值/ ($\mu g \cdot m^{-3}$)	标准差/ ($\mu g \cdot m^{-3}$)	趋势系数	气候倾向率/ ($\mu g \cdot (m^3 \cdot a)^{-1}$)	信度检验/%
海大站	20.0596	110.3190	80.08	6.46	0.509	1.43	不显著
海师站	19.9969	110.3376	68.87	12.15	0.785	4.16	90
龙华站	20.0357	110.3303	68.46	9.92	0.929	4.02	99.9
秀英站	20.0053	110.2832	66.25	10.09	0.834	3.67	99

2.2.9　海口市臭氧浓度月际变化

图 2.13 进一步给出了海口市区 4 个站点 O_3-8h 浓度的月际变化。图中表明,O_3-8h 浓度月际变化呈"V"型。1—3 月,随着冷空气影响减弱,污染物外源输送开始下降,加之气温总体偏低,光化学反应弱,海口市 O_3-8h 浓度出现缓慢下降趋势(符传博 等,2021b)。3 月后 O_3-8h 浓度开始缓慢上升,并在 5 月达到第一个峰值。5 月正属于春季(王春乙,2014),海口市整体相对湿度偏低,气温偏高,高温低湿的气象条件有利于光化学过程,进而促使海口市 O_3-8h 浓度升高。6—8 月,海口市 O_3-8h 浓度下降明显。夏季是海口市主要的降雨季节,高湿度、湿沉降作用及海洋清洁气流影响不利于 O_3 的生成(Awang et al.,2015)。9 月后,海口市 O_3-8h 浓度快速上升,并在 10 月达到第二个峰值,同时也是全年最高的月份。秋季北方冷空气开始活跃,偏北气流的出现携带大量 O_3 及前体物输送至海口市,加之海口市由于纬度较低,气温相对较高,太阳辐射偏强,光化学反应较为剧烈,致使秋季海口市 O_3-8h 浓度显著偏高(符传博 等,2022a)。11 月之后,海口市进入冬季,尽管北方冷空气活动剧烈,但冬季气温总体偏低,太阳辐射偏弱,光化学反应不强,11 月和 12 月海口市 O_3-8h 浓度偏低于 10 月。从不同站点上看,海大站 1—8 月 O_3-8h 浓度明显偏高于其余 3 个站,而 9—12 月与其余 3 站较为接近,其内在机制有待于进一步研究。

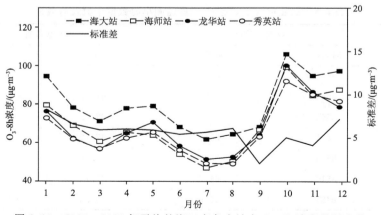

图 2.13　2013—2020 年平均的海口市各个站点 O_3-8h 浓度月际变化

2.2.10 海口市臭氧浓度日变化

图 2.14 为不同站点的 O₃ 浓度的日变化。图中表明,海口市 O₃ 浓度日变化呈单峰型特征,这和我国其他城市一致(杨健 等,2020)。夜间由于气温较低,没有太阳紫外辐射,光化学反应弱,00:00—08:00 O₃ 浓度平稳下降,最低值出现在 08:00。09:00 之后随着太阳紫外辐射的出现,气温上升,光化学过程开始剧烈,O₃ 浓度出现快速上升,最大值出现在 15:00 附近,此时海口市气温最高,太阳紫外辐射最强。此外,高强度的大气湍流作用有利于边界层上层 O₃ 向下层输送,进一步促进近地面 O₃ 浓度上升(廖志恒 等,2019)。16:00 之后随着太阳紫外辐射的下降,气温回落,O₃ 浓度缓慢下降。从不同站点上看,海大站 O₃ 浓度最高,其余 3 站 O₃ 浓度较为接近,这和前面分析一致。

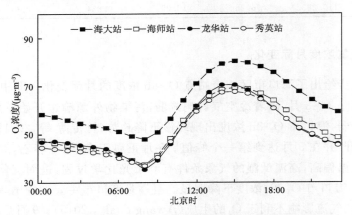

图 2.14 2013—2020 年平均的海口市各个站点 O₃ 浓度的日变化

2.2.11 三亚市臭氧浓度年际变化

三亚市区的环境监测国控站有 3 个,分别是河东站(18.249°N、109.508°E)、河西站(18.268°N、109.496°E)和君悦站(18.344°N、109.735°E),其中河东站和河西站是在 2014 年建站,而君悦站是近两年才建站。考虑到数据的连续性和完整性,本书只选取河东站和河西站的 O₃ 和 NO₂ 小时监测数据进行分析,环境监测数据来自海南省生态环境厅。表 2.6 给出了

表 2.6 三亚市两个站点 O₃ 浓度监测小时数据个数及有效率

年份	小时数据个数/个		小时数据有效率/%	
	河东站	河西站	河东站	河西站
2014	8640	8645	98.63	98.69
2015	8564	8579	97.76	97.93
2016	8654	8512	98.52	96.90
2017	8511	8566	97.16	97.78
2018	8566	8590	97.79	98.06
2019	8510	8412	97.15	96.03
2020	8484	8539	96.58	97.21

2014—2020 年三亚市河东站和河西站 O_3 浓度监测小时个数和有效率。从表中可以看出,三亚市两个站点 O_3 浓度监测质量非常好,近 7 年的数据有效率均在 96% 以上,河东站 2014 年和 2016 年在 98% 以上,其余年份有效率在 97% 左右;河西站 2014 年和 2018 年在 98% 以上,其余年份有效率在 96%~97%。数据监测质量能有效地满足研究需要。

2014—2020 年三亚市两个站点 O_3-8h 浓度年际变化及趋势线如图 2.15 所示。图中表明,2014—2020 年河东站和河西站变化趋势不一致,其中河东站表现为缓慢上升的变化趋势,其趋势系数和气候倾向率分别为 0.238 和 0.35 $\mu g \cdot (m^3 \cdot a)^{-1}$;河西站则表现为缓慢的下降趋势,趋势系数和气候倾向率分别为 -0.348 和 -0.47 $\mu g \cdot (m^3 \cdot a)^{-1}$,但两站的趋势系数均没有通过信度检验,变化趋势并不明显。从平均值上看(表 2.7),河东站和河西站 2014—2020 年平均 O_3-8h 浓度分别为 66.55 $\mu g \cdot m^{-3}$ 和 71.14 $\mu g \cdot m^{-3}$,河西站偏高于河东站,这可能与两个站点所在的地理位置有关。值得注意的是,河东站和河西站之间的 O_3-8h 浓度差异有减小的趋势,2014 年两站 O_3-8h 浓度差值为 -4.67 $\mu g \cdot m^{-3}$,2020 年为 -1.61 $\mu g \cdot m^{-3}$,表明两站 O_3 浓度监测值有趋于一致的变化特征。

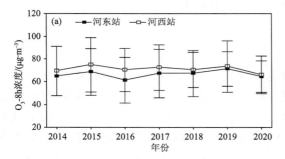 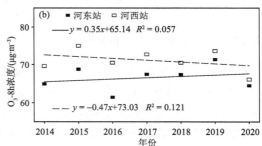

图 2.15　2014—2020 年三亚市两个站点 O_3-8h 浓度(a)和趋势线(b)

表 2.7　2014—2020 年三亚市两个站点 O_3-8h 浓度的平均值、标准差、趋势系数及气候倾向率

站名	纬度/°N	经度/°E	平均值/$(\mu g \cdot m^{-3})$	标准差/$(\mu g \cdot m^{-3})$	趋势系数	气候倾向率/$(\mu g \cdot (m^3 \cdot a)^{-1})$	信度检验
河东站	18.2491	109.5077	66.55	2.97	0.238	0.35	不显著
河西站	18.2683	109.4963	71.14	2.71	-0.348	-0.47	不显著

2.2.12　三亚市臭氧浓度月际变化

三亚市两个站点 O_3-8h 浓度的逐月变化如图 2.16 所示。从图中可以清楚地看出,三亚市 O_3-8h 浓度逐月变化呈"V"型变化特征,夏半年 O_3-8h 浓度总体偏低,冬半年偏高。夏半年是三亚市主要的降水季节(王春乙,2014),尽管此时气温偏高,但是降水的冲刷作用有利于大气污染物浓度降低,加之相对湿度偏高,光化学反应弱,O_3-8h 浓度偏低;冬半年北方冷空气活跃,偏北气流容易携带大量 O_3 及前体物输送至三亚市,而三亚市由于纬度较低,气温相对偏高,气象条件更能促进光化学反应,致使三亚市 O_3-8h 浓度相对较高(符传博 等,2020b)。从标准差来看,两个站点夏半年标准差偏大,而冬半年标准差偏小,表明夏半年两站 O_3-8h 浓度差异较大,冬半年两站差异较小,其内在原因还有待于进一步研究。从不同月份来看,最高值

出现在 10 月,河东站和河西站 O_3-8h 浓度分别为 85.44 $\mu g \cdot m^{-3}$ 和 89.39 $\mu g \cdot m^{-3}$;最低值出现在 8 月,两站 O_3-8h 浓度分别 47.30 $\mu g \cdot m^{-3}$ 和 53.45 $\mu g \cdot m^{-3}$。

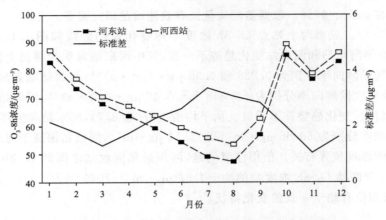

图 2.16 三亚市两个站点 O_3-8h 浓度的月际变化

2.2.13 三亚市臭氧浓度日变化

图 2.17 进一步给出了三亚市 O_3-8h 浓度的日变化。从图中可以看出,三亚市 O_3 浓度呈单峰型的日变化特征。00:00—08:00,O_3 浓度表现为缓慢的下降趋势,此时正属于夜间,气温偏低,没有太阳紫外辐射,气象条件不利于光化学反应的发生,O_3 浓度在 08:00 达到了最低值,河东站和河西站 O_3 浓度分别为 43.68 $\mu g \cdot m^{-3}$ 和 42.64 $\mu g \cdot m^{-3}$;09:00 之后 O_3 浓度表现为快速上升,并在 15:00 达到了最高值,分别为 67.20 $\mu g \cdot m^{-3}$(河东站)和 72.91 $\mu g \cdot m^{-3}$(河西站)。太阳紫外辐射出现后,一方面随着气温的升高,光化学反应开始加剧;另一方面气温升高会导致大气湍流作用加强,有利于边界层上层 O_3 向下层输送(廖志恒 等,2019),共同导致 O_3 浓度上升。对比而言,河西站 O_3 浓度日变化比河东站更剧烈。

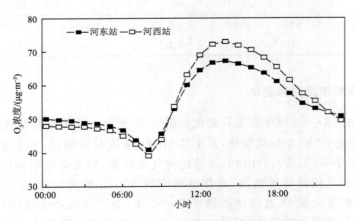

图 2.17 三亚市两个站点 O_3 浓度的日变化

2.3　结论与讨论

（1）海南岛 O_3-8h 浓度空间分布呈北部和西部偏高，中部、东部和南部偏低的分布特征，与各市（县）的工业化差异、气象条件、植被覆盖、污染物的输送与扩散差异等影响因子有很好的相关关系。最高值出现在东方市，为 91.5 $\mu g \cdot m^{-3}$。2015—2020 年海南岛共有 12 个市（县）O_3-8h 浓度表现为下降趋势，主要分布在西部、中部和东部。共有 6 个市（县）表现为上升趋势，其中海口市、澄迈县和屯昌县的气候趋势系数通过了 95% 的信度检验。

（2）季节变化特征分析表明，海南岛 O_3-8h 浓度表现为秋季最高，冬季和春季次之，夏季最低。其中 2015—2020 年秋季 O_3-8h 浓度出现上升趋势，其气候倾向率和气候趋势系数分别为 2.05 $\mu g \cdot (m^3 \cdot a)^{-1}$ 和 0.507，通过了 80% 的信度检验，秋季 O_3 污染加重的现象值得关注。春季、夏季和冬季 O_3-8h 浓度 2015—2020 年则表现为不同程度的下降趋势，其中春季下降最快，其气候趋势系数通过了 95% 的信度检验。O_3-8h 浓度的逐月变化呈现单峰单谷型特征，最低值出现在 7 月，10 月最高，平均值为 88.29 $\mu g \cdot m^{-3}$。O_3 浓度日变化呈现单峰型变化特征，高值主要出现在 15:00—18:00。

（3）对海南岛月平均 O_3-8h 浓度的距平场进行 EOF 分析得到前两个特征向量场的累积方差为 72.58%，能够较好地描述 O_3-8h 浓度的主要分布特征。第一模态在空间上为正值，第一主分量呈显著的季节性振荡，体现了海南岛 O_3-8h 浓度变化的一致性。第二模态在不同区域表现不同，表明了 O_3-8h 浓度变化的地区性差异。

（4）2013—2020 年海口市区 4 个监测站 O_3-8h 浓度分别以 1.43 $\mu g \cdot (m^3 \cdot a)^{-1}$（海大站）、4.16 $\mu g \cdot (m^3 \cdot a)^{-1}$（海师站）、4.02 $\mu g \cdot (m^3 \cdot a)^{-1}$（龙华站）和 3.67 $\mu g \cdot (m^3 \cdot a)^{-1}$（秀英站）的上升幅度增长，其中龙华站的趋势系数达到了 0.929，通过了 99.9% 的信度检验；秀英站和海师站分别为 0.834 和 0.785，分别通过了 99% 和 90% 的信度检验，而海大站的趋势系数只为 0.509，没有通过信度检验。海口市 O_3-8h 浓度月际变化呈"V"型分布，5 月为第一个峰值，10 月为第二个峰值，也是全年最高的月份。O_3 浓度的日变化呈单峰型分布，夜间 O_3 浓度偏低，白天偏高，最大值出现在 15:00 附近。

（5）2014—2020 年三亚市区两个站点 O_3-8h 浓度变化趋势相反，其中河东站以 0.35 $\mu g \cdot (m^3 \cdot a)^{-1}$ 的幅度上升，而河西站以 −0.47 $\mu g \cdot (m^3 \cdot a)^{-1}$ 的幅度下降，且趋势系数均没有通过信度检验。两站的 O_3-8h 浓度差值有减小趋势，监测值趋于一致。三亚市 O_3-8h 浓度逐月变化呈"V"型分布特征，最高值出现在 10 月，河东站和河西站 O_3-8h 浓度分别为 85.44 $\mu g \cdot m^{-3}$ 和 89.39 $\mu g \cdot m^{-3}$；最低值出现在 8 月，两站 O_3-8h 浓度分别 47.30 $\mu g \cdot m^{-3}$ 和 53.45 $\mu g \cdot m^{-3}$。日变化表现为单峰型特征，白天 O_3 浓度偏高，夜间偏低，最大值出现在 15:00 左右，分别为 67.20 $\mu g \cdot m^{-3}$（河东站）和 72.91 $\mu g \cdot m^{-3}$（河西站）。

第3章　海南岛区域性臭氧污染特征

自2013年我国颁布《大气污染防治行动计划》和《国务院关于印发打赢蓝天保卫战三年行动计划的通知》等强有力的大气环境保护政策以来,我国区域$PM_{2.5}$污染治理效果显著(Zhai et al.,2019;Wang,2021a),但O_3浓度却表现为稳步上升的趋势,其中部分城市O_3已经取代$PM_{2.5}$,成为影响我国城市空气质量改善的主要污染物(沈劲 等,2017;谢祖欣 等,2020)。根据生态环境部门的监测统计(中华人民共和国生态环境保护部,2022),2021年全国339个地级及以上城市中,以O_3为首要污染物的超标天数占总超标天数的34.7%,而京津冀及周边地区、长三角地区和汾渭平原(三大重点区域)以O_3为首要污染物的超标天数占总超标天数分别为41.8%、55.4%和39.3%,明显高于全国的平均结果,O_3已经成为"十四五"期间影响我国重要城市大气环境的首要污染物(余益军 等,2020;解淑艳 等,2021;马陈燨 等,2022)。相较于$PM_{2.5}$,O_3作为二次污染物,其污染治理难度更大。

对流层O_3主要是由氮氧化合物(NO_x)和挥发性有机物(VOCs)等在太阳紫外辐射作用下经过复杂的链式光化学反应生成(符传博 等,2021a)。针对城市O_3的研究主要从形成机制(Nussbaumer et al.,2020)、时空分布(王占山 等,2014;Li et al.,2021a)、与前体物和气象因子的关系(符传博 等,2020c;周炎 等,2022)、输送源区(Li et al.,2022;Yang et al.,2021)等方面展开。大气污染源排放是造成污染的内因,气象条件则是外因,深入分析大气环流形势和气象因子的变化,对揭示O_3污染的天气发生发展和大气污染预报预警有重要意义(Liao et al.,2021)。目前针对大气污染的天气分型方法可分为主观和客观天气分型,主观天气分型方法指的是基于天气图、利用天气学原理等理论对天气污染过程进行分类(邹旭东 等,2006;赵娜 等,2017;陈璇 等,2022);客观天气分型是利用数学算法或模型对污染天气过程进行分类(杨旭 等,2017;俞布 等,2017;常炉予 等,2019)。两种天气分型方法各有优点和缺陷,主观天气分型方法操作较为简单,但是存在对预报员经验依赖性较强的问题;客观天气分型方法具有处理较长序列、大样本的优势,同时不受人为主观因素影响,但是客观天气分型方法种类较多,分型结果会有较大差别(严晓瑜 等,2022)。舒锋敏等(2012)归纳了造成广州市严重空气污染的天气类型,结果可用于具体的业务预报中。吴进等(2020)分析了2008—2017年影响北京地区天气型,发现西南偏西型(SWW)和低压型(C)上旬子O_3浓度均值和极值最高,其原因与边界层上层垂直下沉运动有关。

近年来,在海南省政府加大开展空气污染防治治理的背景下,海南岛城市$PM_{2.5}$和PM_{10}浓度持续下降,然而O_3浓度却维持较高水平。根据海南省生态环境部门的监测(海南省生态环境厅,2022),2019—2021年海南省O_3第90百分位数浓度分别为118 $\mu g \cdot m^{-3}$、105 $\mu g \cdot m^{-3}$和111 $\mu g \cdot m^{-3}$,O_3浓度下降不明显。已有学者对海南岛O_3及其前体物浓度分布特征(符传

博 等,2022a;符传博 等,2022b)、气象影响因子(周炎 等,2022;符传博 等,2020a)、输送路径和潜在源区(符传博 等,2021d;符传博 等,2022c)等进行了研究,但目前针对海南岛 O_3 污染环流分型的研究相对较少。为此,本章统计分析了海南岛区域性 O_3 污染特征,并运用合成分析方法,对 2015—2020 年海南岛区域性 O_3 污染事件的不同时段大气环流特征进行分析,明确 O_3 污染的典型大气环流配置,旨在为海南岛 O_3 预报预警和机制研究提供参考依据,助力实现 O_3 污染精准防治。

3.1　资料与方法

3.1.1　研究资料

本章主要用到了海南岛 18 个市(县)O_3 浓度监测数据和 ERA5 再分析资料,其中 O_3 浓度监测数据可参考第 2.1.1 节。全球气候第五代大气再分析数据集(ERA5)是欧洲中期天气预报中心(ECMWF)发布的,数据源自哥白尼气候变化服务中心数据库(https://cds.climate.copernicus.eu),时间分辨率为 1 h,空间分辨率为 $0.25° \times 0.25°$。要素包括 500 hPa 高度场、850 hPa 相对湿度和平均温度、850 hPa 风场、海平面气压、温度露点差以及地面 10 m 风场等。

3.1.2　研究方法

首先根据海南岛 18 个市(县)的地理划分,对 32 个环境监测国控站 O_3 浓度逐时资料进行平均处理,得到 18 个市(县)的 O_3 逐时浓度值;其次依据《环境空气质量标准》(GB 3095—2012)计算 18 个市(县)的 O_3-8h 浓度,某个市(县)O_3-8h 浓度超过二级标准浓度限值(160 $\mu g \cdot m^{-3}$),则认为该市(县)当日 O_3 浓度超标,而某 1 d 中 O_3-8h 浓度超标市(县)$\geqslant 3$ 个,则当日认为海南岛发生了区域性 O_3 污染(符传博 等,2021d);在区域性 O_3 污染中,满足 1 d O_3-8h 浓度超标市(县)$\geqslant 3$ 个的相连天数定义为海南岛区域性 O_3 污染事件,此外,如有 1 d 中 O_3-8h 浓度超标市(县)< 3 个,但是其相连的两天 O_3-8h 浓度超标市(县)均 $\geqslant 3$ 个,则也计入同一个区域性 O_3 污染事件。此外,本章还用到了合成分析方法。在对 2019 年 9 月 O_3 污染个例分析时,还用到了相关分析和多元线性回归分析方法,其中多元线性回归方法介绍如下。

回归分析是最常用的数据分析方法之一,它是根据已有的实验结果和以往的经验来建立统计模型,并研究变量间的相关关系,建立起变量之间关系的近似表达式(即经验公式),并由此对相应的变量进行预测和控制。与因变量有关联的自变量不止一个时,就应该考虑用最小二乘法准则建立多元线性回归模型。

假设因变量 y 同时受到 k 个自变量 $x_1, x_2, x_3, \cdots, x_k$ 的影响,其 n 组观测值为 $y_a, x_{a1}, x_{a2}, x_{a3}, \cdots, x_{ak}(a=1,2,3,\cdots,n)$,则多元回归模型的结构形式为:

$$y_a = \beta_0 + \beta_1 x_{a1} + \beta_2 x_{a2} + \cdots + \beta_k x_{ak} + \varepsilon_a \tag{3.1}$$

式中,β_0 为截距,$\beta_1, \beta_2, \cdots, \beta_k$ 称为回归系数,ε_a 为随机变量(刘爱利 等,2012)。

3.2 结果与分析

3.2.1 海南岛区域性臭氧污染特征

为了进一步研究海南岛 O_3 污染的区域性特征,符传博等(2020a)给出了海南岛区域性 O_3 污染日的定义,其概念为污染过程在 1 d 中有 3 个及其以上市(县)O_3-8h 浓度超过 160 $\mu g \cdot m^{-3}$(《国家环境空气质量标准》二级浓度限值),则认为当天为海南岛区域性 O_3 污染日。图 3.1 给出了海南岛 2015—2020 年 O_3-8h 浓度和区域性 O_3 污染日的逐日变化。从中可以看出,海南岛 O_3-8h 浓度有明显的季节性变化特征,O_3-8h 浓度超过 100 $\mu g \cdot m^{-3}$(《国家环境空气质量标准》一级浓度限值)的时段主要出现在冬半年,夏半年 O_3-8h 浓度的明显偏低。从区域性 O_3 污染天气上看,2015—2020 年共有 65 d 发生了区域性 O_3 污染,发生概率为 2.97%。其中,2019 年达到了 21 d(表 3.1),O_3 污染发生概率为 5.75%。2016 年最低,只为 3 d(0.82%)。另外,从不同年份的 O_3-8h 浓度超标市(县)平均数上看,2018 年最多,为 7.10 个。从单日 O_3-8h 浓度超标市(县)最大值上看,2015 年达到了 13 个,2017 年、2018 年和 2019 年也均达到了 11 个,2020 年最少,为 6 个。

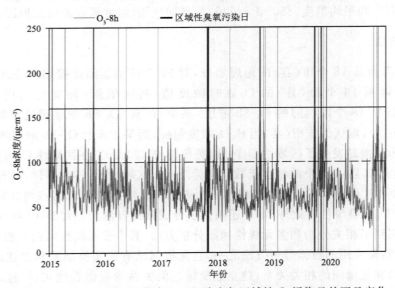

图 3.1 2015—2020 年海南岛 O_3-8h 浓度与区域性 O_3 污染日的逐日变化

表 3.1 2015—2020 年海南岛区域性 O_3 污染统计

	出现日数/d	出现百分率/%	平均 O_3-8h 浓度/($\mu g \cdot m^{-3}$)	O_3-8h 浓度超标市(县)平均数/个	单日 O_3-8h 浓度超标市(县)最大值/个
2015 年	12	3.29	151.93	6.92	13
2016 年	3	0.82	141.80	6.00	8
2017 年	13	3.56	147.71	6.69	11
2018 年	10	2.74	147.82	7.10	11
2019 年	21	5.75	146.88	6.57	11
2020 年	6	1.64	139.22	4.33	6
6 年平均	10.83	2.97	145.89	6.27	10

3.2.2　海南岛臭氧浓度污染时段和清洁时段对比

为了更为直观地分析气象因子对 O_3-8h 浓度的影响,表 3.2 给出了海南岛区域性 O_3 污染日和清洁日气象因子的日均值对比,其中清洁日定义为全岛 18 个市(县)中 O_3-8h 浓度均小于 $100\ \mu g \cdot m^{-3}$(《国家环境空气质量标准》一级浓度限值)。从表中可以看出,海南岛区域性 O_3 污染发生时段气象因子浓度与清洁日有明显差异。区域性 O_3 污染日降水量和相对湿度明显偏低于清洁日,降水量仅有 $0.6\ mm \cdot d^{-1}$,相对湿度仅为 75.1%,相比于清洁日分别低了 90.16% 和 10.06%。O_3 污染时段日照时数和平均气温仅分别为 $6.7\ h \cdot d^{-1}$ 和 $23.3\ ℃$,低于清洁日,这可能与 O_3-8h 浓度污染日主要出现在冬半年有关。区域性 O_3 污染日平均风速和气压均略大于清洁日。综上所述,降水量偏少,相对湿度偏低,平均风速和气压偏大的气象条件,对海南岛区域性 O_3 污染的发生有利;反之,降水量偏多,相对湿度偏高,平均风速和气压偏小,则有利于 O_3 浓度降低。

表 3.2　2015—2020 年海南岛区域性 O_3 污染时段与清洁时段气象条件对比

	污染时段	清洁时段	变化幅度/%
样本数/d	65	889	—
O_3-8h 浓度/($\mu g \cdot m^{-3}$)	147.18	53.9	173.06
降水量/($mm \cdot d^{-1}$)	0.6	6.1	−90.16
相对湿度/%	75.1	83.5	−10.06
日照时数/($h \cdot d^{-1}$)	6.7	13.8	−51.45
平均气温/℃	23.3	25.9	−10.04
平均风速/($m \cdot s^{-1}$)	2.1	1.9	10.53
气压/hPa	1001.4	996.3	0.51

3.2.3　海南岛区域性臭氧污染事件统计

从前面的分析结果可知,2015—2020 年海南岛共有 65 d 发生了区域性 O_3 污染,本节根据时间的连续性,进一步定义了海南岛区域性 O_3 污染事件,即污染过程有 1 d 中 O_3-8h 浓度超标市(县)≥3 个,有 1 d 中 O_3-8h 浓度超标市(县)<3 个,但是其相连的两天 O_3-8h 浓度超标市(县)均≥3 个,则也计入同一个污染事件,具体方法可参看第 3.1.2 节。统计发现,2015—2020 年海南岛共发生了 21 次区域性 O_3 污染事件,其结果见表 3.3。从不同年份上看,2019 年发生的区域性 O_3 污染事件最多,达到了 6 次,2015 年和 2018 年为 4 次,2016 年和 2020 年为 3 次,2017 年最少,只发生 1 次。从持续天数上看,长持续时间(≥4 d)的区域性 O_3 污染事件均发生在秋季,其中 2017 年的区域性 O_3 污染事件持续时间最长,达到了 14 d(符传博 等,2021d),其次是 2019 年发生的第 2 次和第 4 次 O_3 污染事件,分别达到了 9 d 和 8 d。2018 年第 3 次和 2015 年第 4 次 O_3 污染事件持续天数分别为 7 d 和 6 d,2015 年第 2 次和 2020 年第 3 次 O_3 污染事件持续天数分别为 5 d 和 4 d,其余事件均在 4 d 以下。从超标市(县)个数上看,2015 年第 3 次超标市(县)个数最多,达到了 13 个,其次是第 4 次(12 个)。2017 年和 2018 年的第 2 次,2019 年的第 2 次、第 4 次和第 6 次超标市(县)个数也较多,均超过 10 个。

表 3.3　2015—2020 年海南岛区域性 O_3 污染事件统计

年份	季节	日期	持续天数/d	最大 O_3-8h 浓度超标市(县)数/个	最大 O_3-8h 浓度超标日期	最大超标日海南岛平均 O_3-8h 浓度/$(\mu g \cdot m^{-3})$
2015	冬季	1 月 1 日	1	3	1 月 1 日	139.72
	冬季	1 月 19—23 日	5	8	1 月 22 日	150.84
	春季	4 月 14—15 日	2	13	4 月 14 日	173.60
	秋季	10 月 15—21 日	6	12	10 月 15 日	167.93
2016	春季	3 月 27 日	1	8	3 月 27 日	154.59
	春季	5 月 17 日	1	3	5 月 17 日	122.12
	冬季	12 月 9 日	1	7	12 月 9 日	148.70
2017	秋季	10 月 23 日—11 月 5 日	14	11	11 月 2 日和 11 月 3 日	169.17 和 163.72
2018	春季	3 月 22 日	1	6	3 月 22 日	142.87
	秋季	10 月 1—7 日	7	11	10 月 6 日和 10 月 7 日	165.48 和 167.25
	秋季	10 月 28 日	1	6	10 月 28 日	147.03
	秋季	11 月 8 日	1	3	11 月 8 日	103.65
2019	冬季	1 月 26 日	1	3	1 月 26 日	140.31
	秋季	9 月 21—29 日	9	11	9 月 28 日和 9 月 29 日	164.22 和 159.32
	秋季	10 月 19 日	1	7	10 月 19 日	149.61
	秋季	11 月 3—10 日	8	10	11 月 5 日	159.39
	秋季	11 月 22 日	1	9	11 月 22 日	145.81
	冬季	12 月 10—12 日	3	10	12 月 11 日	145.81
2020	秋季	10 月 12—13 日	2	4	10 月 12 日	130.15
	秋季	11 月 2 日	1	4	11 月 2 日	141.18
	秋季	11 月 9—12 日	4	6	11 月 9 日	149.77

3.2.4　秋季海南岛区域性臭氧污染事件天气型

从前面的分析可知,海南岛区域性 O_3 污染事件主要发生在秋季,本节统计了 2015—2020 年秋季共 12 次区域性 O_3 污染事件发生时间及对应的海南岛平均 O_3-8h 浓度,污染事件发生的前期和后期时间,及其对应海南岛平均 O_3-8h 浓度,其结果见表 3.4。其中污染前期选取区域性 O_3 污染事件发生前 3 d,污染后期选取区域性 O_3 污染事件结束后 3 d。对比不同时段海南岛平均 O_3-8h 浓度可知,污染前期和污染后期 O_3-8h 浓度均明显偏小于污染时段的 O_3-8h 浓度。秋季 12 次平均的区域性 O_3 污染事件污染前期 O_3-8h 浓度为 97.91 $\mu g \cdot m^{-3}$,污染时段为 142.23 $\mu g \cdot m^{-3}$,上升了约 45.27%;污染后期为 99.77 $\mu g \cdot m^{-3}$,下降了约 29.85%,表明本研究污染前期和污染后期时间的选取具有很好的合理性,能体现出不同时段 O_3-8h 浓度的变化情况,可以满足本书的研究需求。

表 3.4　秋季海南岛区域性 O_3 污染事件不同时段统计

	污染前期		污染时段		污染后期	
	日期	O_3-8h 浓度/$(\mu g \cdot m^{-3})$	日期	O_3-8h 浓度/$(\mu g \cdot m^{-3})$	日期	O_3-8h 浓度/$(\mu g \cdot m^{-3})$
污染事件	2015 年 10 月 12—14 日	110.78	2015 年 10 月 15—21 日	153.67	2015 年 10 月 22—24 日	124.21
	2017 年 10 月 20—22 日	82.38	2017 年 10 月 23 日—11 月 5 日	145.84	2017 年 11 月 6—8 日	94.49
	2018 年 9 月 28—30 日	93.67	2018 年 10 月 1—7 日	154.96	2018 年 10 月 8—10 日	84.35
	2018 年 10 月 25—27 日	83.39	2018 年 10 月 28 日	147.03	2018 年 10 月 29—31 日	131.18
	2018 年 11 月 5—7 日	56.17	2018 年 11 月 8 日	103.65	2018 年 11 月 9—11 日	72.55
	2019 年 9 月 18—20 日	99.07	2019 年 9 月 21—29 日	147.57	2019 年 9 月 30 日—10 月 2 日	107.12
	2019 年 10 月 16—18 日	103.66	2019 年 10 月 19 日	149.61	2019 年 10 月 20—22 日	121.46
	2019 年 10 月 31 日—11 月 2 日	94.34	2019 年 11 月 3—10 日	146.08	2019 年 11 月 11—13 日	88.54
	2019 年 11 月 19—21 日	118.93	2019 年 11 月 22 日	153.50	2019 年 11 月 23—25 日	96.45
	2020 年 10 月 9—11 日	117.38	2020 年 10 月 12—13 日	127.91	2020 年 10 月 14—16 日	67.80
	2020 年 10 月 30 日—11 月 1 日	94.30	2020 年 11 月 2 日	141.18	2020 年 11 月 3—5 日	111.81
	2020 年 11 月 6—8 日	120.84	2020 年 11 月 9—12 日	135.75	2020 年 11 月 13—15 日	97.27
平均		97.91		142.23		99.77

3.2.5　秋季海南岛区域性臭氧污染大气环流特征

图 3.2、图 3.3 和图 3.4 分别为秋季海南岛区域性 O_3 污染前期、污染时段和污染后期大气环流配置。从污染前期看(图 3.2),500 hPa 中高纬地区表现为两槽一脊的天气形势,东亚大槽槽底偏北,海南岛在副热带高压内部,受其下沉气流影响。850 hPa 影响海南岛的气流从我国内蒙古中东部,经过长江中下游、湖北、湖南、广东等地到达海南岛。此时海南岛相对湿度偏高,在 80% 以上。气温偏高,大于 16 ℃。地面冷高压位于内蒙古西部,华南沿海等压线密集,且为东北风控制,风速偏大,有利于北方污染物向海南岛输送,地面温度露点差小于 5 ℃。到了污染发生时段(图 3.3),东亚大槽进一步加强,引导地面冷空气继续南下,副热带高压强度有所减弱,海南岛继续受副热带高压控制,其内部下沉气流会抑制低层 O_3 的垂直输送,促进地面 O_3 浓度升高。850 hPa 受东北风影响,风速也较污染前期偏大,相对湿度进一步下降,低于 72%,气温分布在 14~16 ℃。地面冷高压移至内蒙古中东部,华南沿海等压线较为密集,海南岛继续受东北风控制,温度露点差在 5 ℃左右。此时,海南岛发生了区域性 O_3 污染事件。从污染后期看(图 3.4),500 hPa 槽脊强度明显减弱,中高纬地区转为较平直的西风带控制,副热带高压有所加强西伸。850 hPa 海南岛东北风顺时针旋转为东到东北风控制,风速明显减弱,气温上升至 16 ℃,相对湿度提升到 80% 以上。地面冷高压中心东移至山东半岛,海南岛附近海平面气压降低,温度露点差小于 5 ℃,此时海南岛区域性 O_3 污染结束。

　　总体而言,海南岛的 O_3 污染往往与北方冷空气密切相关(符传博 等,2022a)。秋季是海南岛 O_3 污染最为严重的季节,此时北方冷空气开始活跃,一方面低空偏北气流携带北方大量 O_3 和前体物输送至海南岛;另一方面海南岛由于纬度较低,气象条件有利于光化学反应进一步加强,进而促进地面 O_3 浓度升高,区域性 O_3 污染事件发生。500 hPa 中高纬地区有槽脊活动,引导地面冷空气南下。850 hPa 受东北气流影响,风速偏大,相对湿度低于 72%,气温分布在 14~16 ℃,华南沿海等压线密集,海南岛温度露点差在 5 ℃ 左右,这些天气形势的出现非常有利于秋季海南岛发生区域性 O_3 污染。

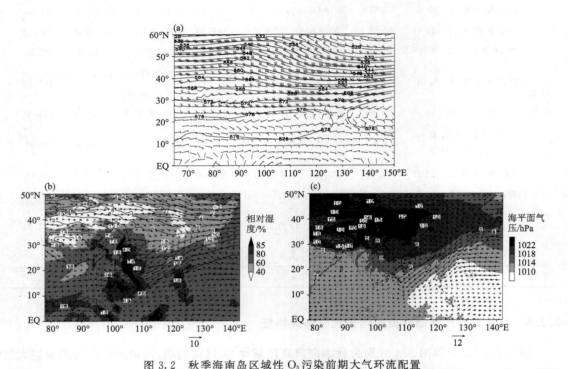

图 3.2　秋季海南岛区域性 O_3 污染前期大气环流配置

(a)500 hPa 高度场(等值线,10 gpm);(b) 850 hPa 相对湿度(填色,%),气温(黑色实线,℃)和风场(m·s^{-1});(c)海平面气压(填色,hPa),2 m 温度露点差(黑色实线,℃)和地面 10 m 风速(m·s^{-1})

3.2.6　春季海南岛区域性臭氧污染事件天气型

　　本节统计了 2015—2020 年春季共 4 次区域性 O_3 污染事件发生时间及对应的海南岛平均 O_3-8h 浓度,污染事件发生的前期和后期时间,及其对应的海南岛平均 O_3-8h 浓度,其结果见表 3.5。对比春季区域性 O_3 污染事件不同时段海南岛平均 O_3-8h 浓度可知,污染前期和污染后期 O_3-8h 浓度同样偏小于污染时段的 O_3-8h 浓度。春季 4 次平均的区域性 O_3 污染事件污染前期 O_3-8h 浓度为 92.38 $\mu g·m^{-3}$,污染时段为 144.78 $\mu g·m^{-3}$,上升了约 56.72%;污染后期为 98.43 $\mu g·m^{-3}$,下降了约 32.01%,变化幅度均大于秋季平均。春季污染前期和污染后期时间的选取同样能体现出不同时段 O_3-8h 浓度的变化情况,可以满足本书的研究需求。

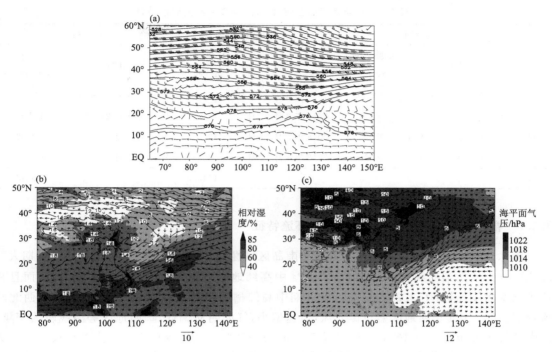

图 3.3　同图 3.2,但为污染时段

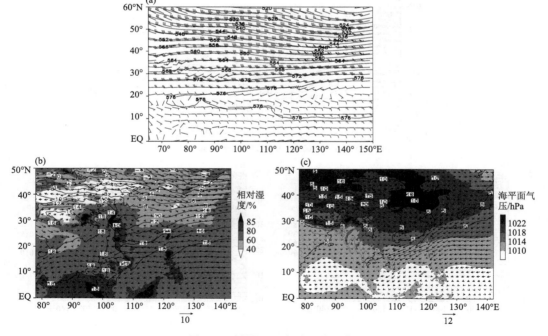

图 3.4　同图 3.2,但为污染后期

表 3.5　春季海南岛区域性 O_3 污染事件不同时段统计

	污染前期		污染时段		污染后期	
	日期	O_3-8h 浓度/$(\mu g \cdot m^{-3})$	日期	O_3-8h 浓度/$(\mu g \cdot m^{-3})$	日期	O_3-8h 浓度/$(\mu g \cdot m^{-3})$
污染事件	2015 年 4 月 12—14 日	131.47	2015 年 4 月 14—15 日	159.53	2015 年 4 月 16—18 日	103.29
	2016 年 3 月 24—26 日	74.18	2016 年 3 月 27 日	154.59	2016 年 3 月 28—30 日	117.04
	2016 年 5 月 14—16 日	69.19	2016 年 5 月 17 日	122.12	2016 年 5 月 18—20 日	72.80
	2018 年 3 月 19—21 日	94.66	2018 年 3 月 22 日	142.87	2018 年 3 月 23—25 日	100.58
平均		92.38		144.78		98.43

3.2.7　春季海南岛区域性臭氧污染大气环流特征

图 3.5、图 3.6 和图 3.7 分别为春季海南岛区域性 O_3 污染前期、污染时段和污染后期大气环流配置。从污染前期看(图 3.5),500 hPa 中高纬地区表现为一槽一脊的天气形势,而且相比于秋季污染前期(图 3.2a),春季污染前期中高纬槽脊强度更强,海南岛受槽后西到西北气流影响。850 hPa 华南地区盛行偏北风,风速偏小,气温明显偏低,华南地区等温线较为密集,海南岛气温分布在 14～16 ℃。相对湿度在 60%～72%。地面冷高压中心位置相较于秋季更为偏南,在山西和湖北一带。地面温度露点差小于 5 ℃。到了污染发生时段(图 3.6),500 hPa 中高纬地区槽脊经向度减弱,海南岛受槽后东北气流影响。850 hPa 受东北风控制,

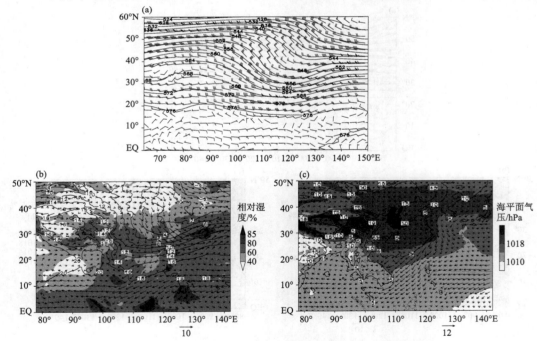

图 3.5　春季海南岛区域性 O_3 污染前期大气环流配置
(a)500 hPa 高度场(等值线,10 gpm);(b) 850 hPa 相对湿度(填色,%),气温(黑色实线,℃)和
风场(m·s^{-1});(c) 海平面气压(填色,hPa),2 m 温度露点差(黑色实线,℃)和地面 10 m 风速(m·s^{-1})

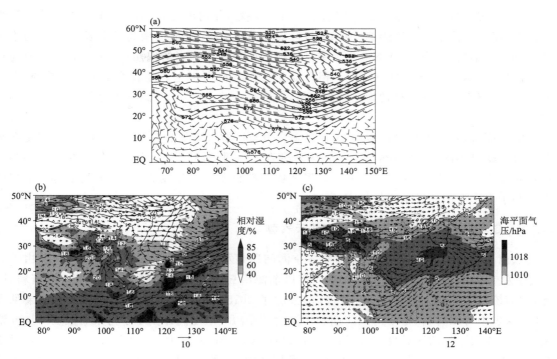

图 3.6　同图 3.5,但为污染时段

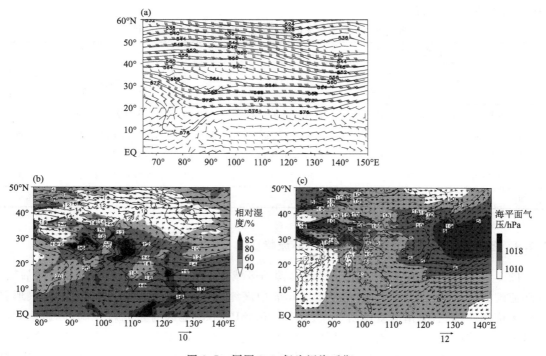

图 3.7　同图 3.5,但为污染后期

风速偏弱,气温进一步降低,海南岛气温在 14 ℃左右,相对湿度在 60% 以下。地面冷高压强度减弱,海南岛受东北气流影响,地面温度露点差接近 5 ℃,此时海南岛发生区域性 O_3 污染事件。到了污染后期(图 3.7),500 hPa 中高纬地区已经转为平直的偏西风。850 hPa 海南岛转为偏南风,气温也上升至 16 ℃以上,相对湿度上升至 68% 以上。随着冷空气强度减弱,海平面气压进一步降低,海南岛转为东到东南风,温度露点差小于 5 ℃,此时海南岛区域性 O_3 污染结束。

对比而言,春季海南岛区域性 O_3 污染事件也与冷空气南下有关,这与秋季一致,但是在天气形势上略有不同。500 hPa 中高纬地区有槽脊活动强烈,850 hPa 海南岛气温在 14 ℃左右,相对湿度在 60% 以下,均偏低于秋季。温度露点差分布在 5 ℃附近,这些天气形势的出现非常有利于春季海南岛发生区域性 O_3 污染。

3.2.8　冬季海南岛区域性臭氧污染事件天气型

从前面的分析可知,2015—2020 年冬季海南岛共发生了 5 次区域性 O_3 污染事件,由于第 1 次是发生在 2015 年 1 月 1 日,而 2015 年以前海南岛大部分市(县)并没有 O_3 监测资料,因此,本节统计冬季区域性 O_3 污染事件时,去除了 2015 年 1 月 1 日的污染事件,其结果见表 3.6。从表中可以看出,冬季污染前期和污染后期 O_3-8h 浓度同样偏小于污染时段的 O_3-8h 浓度。冬季 4 次平均的区域性 O_3 污染事件污染前期 O_3-8h 浓度为 117.82 $\mu g \cdot m^{-3}$,污染时段为 139.42 $\mu g \cdot m^{-3}$,上升了约 18.33%,上升幅度偏小;污染后期为 83.68 $\mu g \cdot m^{-3}$,下降了约 39.98%,下降幅度偏大。冬季污染前期和污染后期时间的选取同样能反映出不同时段 O_3-8h 浓度的变化情况。

表 3.6　冬季海南岛区域性 O_3 污染事件不同时段统计

	污染前期		污染时段		污染后期	
	日期	O_3-8h 浓度/$(\mu g \cdot m^{-3})$	日期	O_3-8h 浓度/$(\mu g \cdot m^{-3})$	日期	O_3-8h 浓度/$(\mu g \cdot m^{-3})$
污染事件	2015 年 1 月 16—18 日	124.14	2015 年 1 月 19—23 日	134.65	2015 年 1 月 24—26 日	90.80
	2016 年 12 月 6—8 日	113.47	2016 年 12 月 9 日	148.70	2016 年 12 月 10—12 日	85.26
	2019 年 1 月 23—25 日	114.71	2019 年 1 月 26 日	140.31	2019 年 1 月 27—29 日	83.72
	2019 年 12 月 7—9 日	118.97	2019 年 12 月 10—12 日	134.02	2019 年 12 月 13—15 日	74.93
平均		117.82		139.42		83.68

3.2.9　冬季海南岛区域性臭氧污染大气环流特征

图 3.8、图 3.9 和图 3.10 分别为冬季海南岛区域性 O_3 污染前期、污染时段和污染后期大气环流配置。从污染前期看(图 3.8),500 hPa 中高纬地区同样表现为一槽一脊的天气形势,东亚大槽槽底偏北,海南岛受偏西气流影响。850 hPa 华南地区为东北风控制,风速偏大,气温是三个季节中最低的,海南岛气温分布在 10 ℃左右,相对湿度在 68% 以下。地面冷高压中心位于长江中下游地区,海南岛受东北风控制,地面温度露点差大于 5 ℃。到了污染发生时段(图 3.9),500 hPa 中高纬地区槽脊经向度减弱,海南岛继续受偏西气流影响。850 hPa 受东北风控制,气温回升至 10~12 ℃,相对湿度在 68% 以下。地面冷高压中心位置不变,海南岛受

东北风控制,地面温度露点差大于 5 ℃,此时海南岛发生区域性 O_3 污染事件。对比污染后期(图 3.10),500 hPa 中高纬地区槽脊活动趋于结束,海南岛受偏西风影响,风速减弱。850 hPa 海南岛转为偏南风,气温回升至 12~14 ℃,相对湿度在 72% 以上。地面附近海南岛受东到东北风影响,温度露点差小于 5 ℃,此时海南岛区域性 O_3 污染结束。

相比而言,冬季海南岛发生区域性 O_3 污染事件的天气形势与秋季和春季基本一致,都与北方冷空气活动密切相关,但在具体的要素阈值上略有不同。如冬季由于低空气温更低,区域性 O_3 污染事件的发生对气温的变化更为敏感。总体而言,500 hPa 中高纬地区有槽脊活动,850 hPa 海南岛受东北风控制,气温分布在 10~12 ℃,相对湿度在 68% 以下,地面温度露点差大于 5 ℃,这些天气形势的出现有利于冬季海南岛发生区域性 O_3 污染。

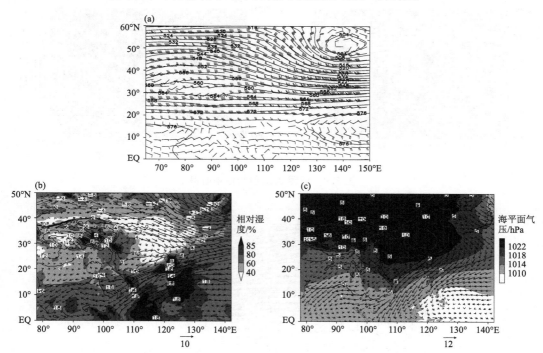

图 3.8　冬季海南岛区域性 O_3 污染前期大气环流配置
(a)500 hPa 高度场(等值线,10 gpm);(b) 850 hPa 相对湿度(填色,%),气温(黑色实线,℃)和
风场(m·s^{-1});(c)海平面气压(填色,hPa),2 m 温度露点差(黑色实线,℃)和地面 10 m 风速(m·s^{-1})

3.2.10　2019 年 9 月海南岛持续臭氧污染的气象条件

3.2.10.1　2019 年 9 月海南岛空气质量概况

图 3.11 为 2019 年 9 月海南岛 O_3-8h 浓度和超标市(县)个数的逐日变化。从图中可以看出,9 月海南岛 O_3-8h 浓度主要经历了 3 个时段,即 1—10 日的清洁时段、11—20 日的发展时段以及 21—30 日的污染时段。在清洁时段,大部分市(县)的 O_3-8h 浓度分布在 30~70 μg·m^{-3}(表 3.7),在空气质量等级一级的阈值之内。清洁时段全岛 18 个市(县)平均的 O_3-8h 浓度为 61.3 μg·m^{-3},空气质量等级为优。发展阶段,海南岛 O_3-8h 浓度出现显著的上升趋势,9 月 11 日,全岛平均 O_3-8h 浓度为 51.78 μg·m^{-3},20 日为 112.67 μg·m^{-3},上升幅度高达 117.6% 左右,

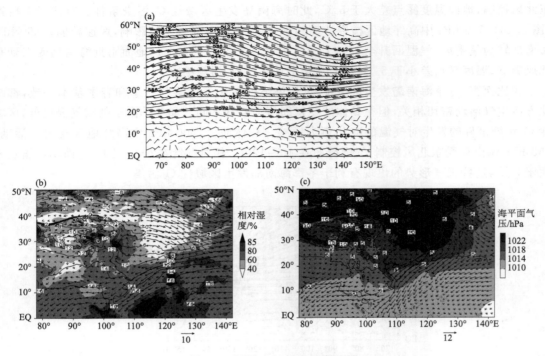

图 3.9　同图 3.8,但为污染时段

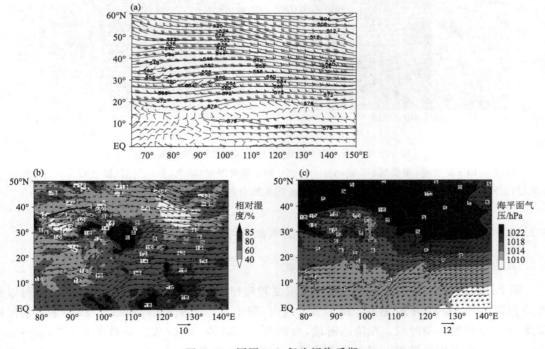

图 3.10　同图 3.8,但为污染后期

结合超标市(县)个数的逐日变化可知,发展阶段还未有市(县)的 O_3-8h 浓度超过空气质量等级二级阈值(160 $\mu g \cdot m^{-3}$),空气质量等级为良。污染时段,海南岛各个市(县)O_3-8h 浓度分布在 100~170 $\mu g \cdot m^{-3}$,全岛平均 O_3-8h 浓度为 146.3 $\mu g \cdot m^{-3}$,O_3-8h 浓度较高。此时段海南岛陆续有市(县)O_3-8h 浓度超过 160 $\mu g \cdot m^{-3}$,空气质量等级为轻度污染。结合超标市(县)个数可知,污染时段平均每天有 6.3 个市(县)O_3-8h 浓度超标,其中 28 日超标市(县)达到 12 个,污染范围最大。24 日和 30 日超标市(县)均为 2 个,其余天数超标市(县)在 3~11 个。

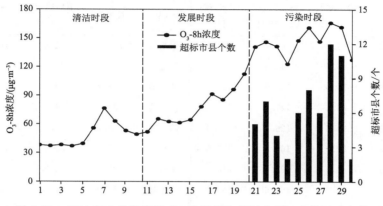

图 3.11　2019 年 9 月海南岛 O_3-8h 浓度和超标市(县)个数逐日变化

图 3.12 进一步给出了 2019 年 9 月海南岛各个市(县)O_3-8h 浓度超标天数和超标率的空间分布。图中表明,此次过程 O_3-8h 浓度超标天数最多的市(县)主要分布在海南岛东部和北部,海口市、文昌市、定安县、澄迈县和屯昌县超标天数均超过了 7 d,其中海口市持续的时间最长,达到了 9 d,超标天数占 9 月比例为 30%。此外,超标天数在 3~6 d 的市(县)主要分布在西部和南部,其中东方市也有 6 d 的超标天数,超标比例为 20%。陵水县、保亭县、乐东县和昌江县分别有 5 d、3 d、3 d 和 2 d 的超标天数。污染较轻的市(县)主要分布在中部、西北部和东部,万宁市和白沙县的超标天数仅有 1 d,其余市(县)O_3-8h 浓度没有超标。对比污染时段和清洁时段 O_3-8h 浓度的变化幅度(表 3.7)可知,污染时段各个市(县)O_3-8h 浓度较清洁时段均有较大幅度的上升,上升幅度均超过了 100%,最大上升幅度出现在保亭县,为 611.9%,最小的为文昌市,也有 107.8% 的上升幅度。对比可以发现,不同地区污染时段 O_3-8h 浓度上升幅度

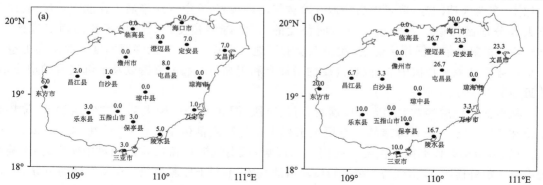

图 3.12　2019 年 9 月海南岛各个市(县)O_3-8h 浓度超标天数(a,单位:d)和超标率(b,单位:%)的空间分布

有所不同,在污染较为严重的东北部市(县),O_3-8h 浓度上升幅度基本在 200% 以下,如海口市 O_3-8h 浓度上升幅度只为 177.2%,而污染较轻的市(县)上升幅度大部分都超过了 200%。值得注意的是,南部市(县)O_3-8h 浓度上升幅度普遍较高,如三亚市、乐东县和保亭县分别为 232.0%、273.9% 和 611.9%,这可能与海南岛的地形有关,低空东北气流在绕过五指山山脉后,会在五指山南麓形成辐合气流,有利于污染物的堆积,其内在机理还有待于进一步研究。

表 3.7 2019 年 9 月海南岛月平均以及三个时段的 O_3-8h 浓度统计 单位:$\mu g \cdot m^{-3}$

市(县)	月平均	清洁时段 1—10 日	污染时段 21—30 日	上升幅度/%	市(县)	月平均	清洁时段 1—10 日	污染时段 21—30 日	上升幅度/%
海口市	107.6	61.3	169.9	177.2	屯昌县	102.6	52.8	165.7	213.8
三亚市	86.7	45.0	149.4	232.0	澄迈县	108.3	59.4	169.9	186.0
五指山市	63.5	29.0	106.5	267.2	临高县	101.2	66.6	141.9	113.1
琼海市	77.5	40.4	127.8	216.3	白沙县	83.9	44.7	134.8	201.6
儋州市	77.8	44.5	126.8	184.9	昌江县	89.7	47.2	147.4	212.3
文昌市	111.8	77.2	160.4	107.8	乐东县	82.3	38.3	143.2	273.9
万宁市	80.1	41.9	132.8	216.9	陵水县	98.6	53.3	161.1	202.3
东方市	105.5	62.2	163.6	163.0	琼中县	75.2	34.5	127.4	269.3
定安县	105.4	60.8	166.7	174.2	保亭县	75.1	19.4	138.1	611.9

3.2.10.2 污染时段天气形势异常特征

为了对比分析清洁时段和污染时段大气环流背景场,图 3.13 分别给出了 2019 年 9 月大气对流层中层(500 hPa)清洁时段和污染时段位势高度场、风场的分布,以及两个时段的差异分布。清洁时段(图 3.13a),西风带较为平直,东亚大槽整体偏弱,槽底位于我国东南沿海,中南半岛上有一低涡环流存在,西太平洋副热带高压主体偏东,5880 gpm 线西脊点在 130°E 附近。污染时段(图 3.13b),西风带经向度明显增强,东亚大槽加深,槽后西北气流引导地面冷空气南下。受高空槽挤压影响,副热带高压东段和西段相连,此时海南岛位于 5880 gpm 线内,副热带高压控制一方面会出现下沉气流,天气晴好,太阳紫外辐射较强,促进光化学反应速率加快;另一方面副热带高压内部的下沉气流不利于大气污染物的垂直输送,造成近地层 O_3 浓度进一步增加,污染天气发生。从污染时段与清洁时段的差异场看(图 3.13c),西风带经向度加大,东亚大槽加深,造成中高纬地区冷空气活动频繁,冷空气从槽后入侵北方地区,我国上空大部分地区污染时段气温都有不同程度的下降,降温幅度最大区位于我国西藏地区,为 $-8℃$。受副热带高压增强影响,我国东南沿海地区也有 $1～2℃$ 的降温幅度。海南岛上空有一个位势高度差异正值中心,位势高度的增加有利于高空气温的维持以及下沉气流的增强,致使近地面 O_3 浓度上升。

从对流层低层的 925 hPa 等压面看,清洁时段(图 3.14a)中国大陆上空气压偏低,位势高度值在 720～760 gpm,海南岛上空更是出现了位势高度低值中心,中心值在 720 gpm 以下。从风场看,清洁时段海南岛主要受西南气流影响,西南气流从孟加拉湾经过中南半岛,影响我国南海大部分地区,西南气流主要来自海洋清洁气团,不利于外源输送。在高空槽的引导下,污染时段(图 3.14b)地面冷高压南下,我国大陆上空气压普遍上升,位势高度值在 800～840 gpm,

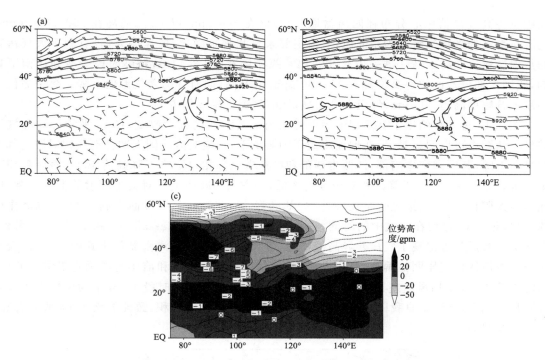

图 3.13　500 hPa 清洁时段(a)和污染时段(b)位势高度场(黑色等值线,gpm)与风场
(矢量,m·s^{-1})叠加,以及污染时段与清洁时段的位势高度(填色,gpm)和气温(黑色等值线,℃)差异(c)

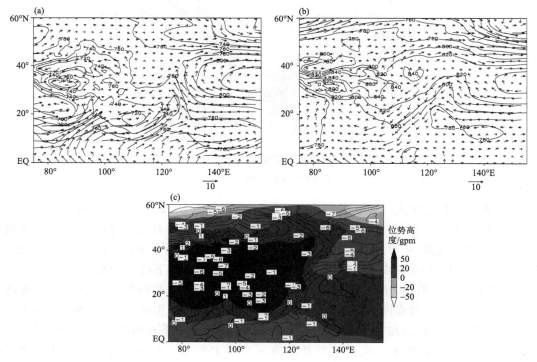

图 3.14　925 hPa 清洁时段(a)和污染时段(b)位势高度场(黑色等值线,gpm)与风场
(矢量,m·s^{-1})叠加,以及污染时段与清洁时段的位势高度(填色,gpm)和气温(黑色等值线,℃)差异(c)

其中位势高度高值中心分布在四川盆地,中心值在 860 gpm 以上,海南岛在 800～820 gpm。此时海南岛的影响气流转为东北风,气流主要来自我国东南部,风速偏大,较有利于大气污染物从源区输送至海南岛。进一步从 925 hPa 差异场看(图 3.14c),污染时段受冷高压南下影响,我国大部分地区位势高度都有 10～60 gpm 的升高,同时伴随着气温的下降。海南岛位势高度上升幅度高达 80 gpm,气压上升明显,同时气温下降 3 ℃左右。

图 3.15 进一步给出了 925 hPa 污染时段与清洁时段的相对湿度、10 m 平均风速和气压差异。从图中可以明显看出,在地面冷高压的影响下,污染时段我国大部分地区相对湿度都有明显的下降,其中湖南省南部、江西省西部和广东省北部相对湿度下降高达 40%,海南岛相对湿度也有 5%～25% 的下降。相对湿度的降低,一方面会减弱大气对太阳辐射的消光机制,增加地面太阳辐射量,促进光化学反应速率(刘晶淼 等,2003);另一方面不利于 O_3 干沉降作用的发生,延长 O_3 停留在空气中的时间,进一步提升 O_3 浓度(Kavassalis et al.,2017)。另外,在北部湾海面附近出现了气压差异高值中心,最大值为 11 hPa,海南岛位于其中心位置,表明污染时段该区域气压明显偏高,高压内部的下沉气流不利于 O_3 和前体物的垂直扩散。此外,南海中部 10 m 平均风速差异高达 -8 m・s^{-1},进一步说明污染时段 10 m 平均风速在该地区有明显的辐合,导致来自我国大陆地区的 O_3 及前体物在低空堆积,致使海南岛 O_3 浓度升高,O_3 污染事件发生。

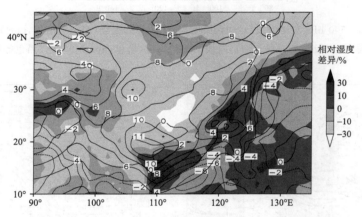

图 3.15 925 hPa 污染时段与清洁时段的相对湿度(填色,%),10 m 平均风速(黑色虚线,m・s^{-1}),以及气压(黑色实线,hPa)差异

为了揭示不同时段大气背景场异常的垂直分布特征,图 3.16 给出了海南岛上空污染时段与清洁时段的平均气温、相对湿度和水平风速差异的垂直变化。从图中可以看出,污染时段整个对流层的平均气温、相对湿度和水平风速都较清洁时段有不同程度的下降,其中平均气温下降幅度在 2～3 ℃,相对湿度下降幅度在 10%～45%,水平风速下降幅度在 0.5～3 m・s^{-1}。另外,从图中还可以看出,从地面至 850 hPa 附近,平均气温的垂直梯度上升,即下降幅度随高度的上升而增大。相对湿度从地面至 950 hPa 高度上有所上升,但在 950 hPa 至 850 hPa 高度上下降幅度随高度增大,相对湿度垂直梯度上升。平均风速的垂直梯度在 700 hPa 高度以下也表现为随高度快速增大。此前一些外场观测实验表明(Zhou et al.,2013;王宇骏 等,2016),O_3 浓度与混合层高度呈现显著正相关关系,混合层中上层光化学反应更为剧烈。二次污染物 O_3 作为一种光化学产物,其生成依赖于充足的光照条件,而充足的光照条件又会导致

近地面升温加快,较大的气温垂直梯度有利于增强湍流混合作用,加大混合层中上层 O_3 垂直输送至近地面,进一步提升地表 O_3 浓度(Tang et al.,2017)。较大的相对湿度垂直梯度表明,污染时段海南岛上空混合层中上层水汽更少,这有利于促进混合层中上层光化学反应速率,O_3 生成更多。而较大的水平风速垂直梯度表明,污染时段混合层中上层水平风速减弱较快,下层水平风速减弱较慢,有助于混合层中高层气流向下补偿输送,垂直混合进一步增强,地表 O_3 浓度上升。

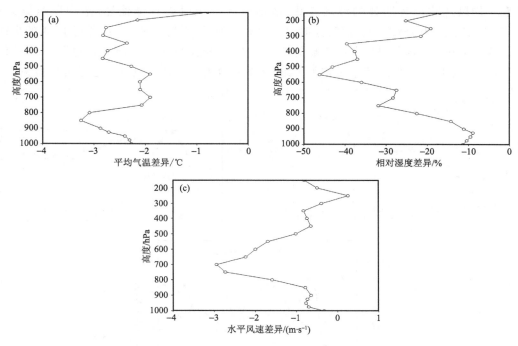

图 3.16　海南岛污染时段与清洁时段的平均气温(a,℃)、相对湿度(b,％)和
水平风速(c,m·s^{-1})差异的垂直变化

3.2.10.3　气象因子对臭氧污染天气过程的影响

气象因子能有效地影响对流层 O_3 及其前体物的生成、传输和消散(王闯 等,2015)。一般而言,高强度的太阳紫外辐射、高温、低湿、长日照时数、弱风速、有利的风向等气象条件能有效促进光化学反应速率,致使 O_3 浓度上升。图 3.17 给出了 2019 年 9 月海南岛区域平均的日降水量、气压、平均气温、相对湿度、平均风速和日照时数逐日变化。从日降水量看,海南岛在 2019 年 9 月上旬和中旬都有降水发生,特别是 9 月 3 日降水量高达 92.3 mm,而 21 日之后全岛基本没有降水发生。降水对大气污染物有较好的清除作用,一般而言,降水偏多时,清除作用增大,污染物浓度偏小;反之降水偏少时,清除作用减小,污染物浓度偏大,故而日降水量与 O_3 浓度呈负相关关系。进一步计算日降水量与 O_3-8h 浓度的相关系数为−0.518(表 3.8),通过了 99％ 的信度检验。从气压看,9 日海南岛气压表现为波动式的上升趋势,清洁时段海南岛气压为 989.9 hPa,污染时段上升至 1001.02 hPa(表 3.9),结合前面的分析可知,污染时段海南岛受副热带高压控制,天气形势更为稳定,高压内部下沉气流不利于 O_3 垂直输送,O_3 浓度维持较高水平。O_3 浓度与气压有较好的正相关关系,相关系数高达 0.965,通过了 99％ 的信度检验。

  9月相对湿度表现为缓慢的下降趋势(图3.17b)。结合前面的分析可知,相对湿度的降低能有效促进光化学反应,提高大气中O_3浓度,因此相对湿度与O_3-8h浓度存在显著的负相关关系,相关系数高达-0.878,通过了99%的信度检验。平均气温表现为缓慢的下降趋势,但平均气温值均在24℃以上。一般而言,气温越高,地表接收到的太阳总辐射越强,光化学反应越剧烈,因此气温与O_3浓度呈正相关关系,而此次过程中平均气温与O_3-8h浓度的负相关关系(相关系数为-0.240)表明,海南岛O_3浓度的上升可能更依赖于其他气象因子。9月日照时数和平均风速均出现明显的波动变化,清洁时段日照时数总体偏短,平均风速偏大(表3.9),对O_3的生成和消散不利;而污染时段日照时数偏长,平均风速偏小,有利于O_3的生成和积累。O_3-8h浓度与日照时数存在明显的正相关关系,相关系数为0.565,通过了99%的信度检验。O_3-8h浓度与平均风速呈负相关关系,相关系数为-0.129,没有通过显著性检验。

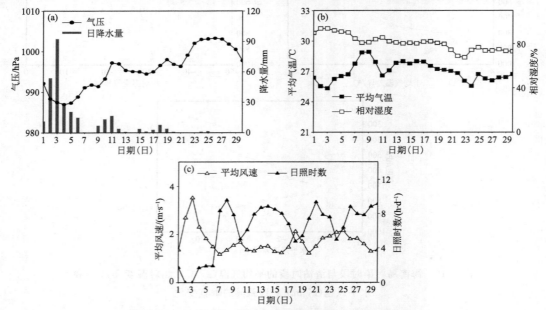

图3.17 2019年9月海南岛关键气象因子的逐日变化

表3.8 2019年9月海南岛不同时段 O_3-8h 浓度值与气象因子的相关系数

时段	降水量	气压	平均气温	相对湿度	平均风速	日照时数
清洁时段	-0.597^{**}	0.496	0.701^{**}	-0.721^{***}	-0.642^{**}	0.830^{***}
发展时段	-0.368	0.251	0.029	-0.507^{*}	0.155	-0.392
污染时段	-0.285	0.254	0.191	0.125	-0.222	0.369
2019年9月	-0.518^{***}	0.965^{***}	-0.240	-0.878^{***}	-0.129	0.565^{***}

注:* 表示通过90%信度检验,** 表示通过95%信度检验,*** 表示通过99%信度检验。

表3.9 2019年9月海南岛不同时段 O_3-8h 浓度值与气象因子的观测值

时段	O_3-8h 浓度/ ($\mu g \cdot m^{-3}$)	降水量/ mm	气压/hPa	平均气温/ ℃	相对湿度/ %	平均风速/ ($m \cdot s^{-1}$)	日照时数/ ($h \cdot d^{-1}$)
清洁时段	48.81	24.09	989.90	27.01	88.18	1.89	3.82
发展时段	77.05	4.19	996.05	27.52	81.50	1.47	7.26
污染时段	146.30	0.33	1001.02	26.40	73.11	1.74	7.89
2019年9月	90.72	9.54	995.66	26.98	80.93	1.70	6.32

3.2.10.4　气象因子对臭氧污染天气演变中的作用

以上的分析表明,天气形势的演变和气象因子的作用都会对 O_3 浓度的变化产生重要影响。城市 O_3 浓度的多少主要取决于人为排放的前体物浓度和气象条件对光化学反应的促进,以及对 O_3 浓度的累积作用(闫雨龙 等,2016)。因此,气象因子在多大程度上影响城市 O_3 浓度是一个需要进一步研究的问题。为了对这一问题开展研究,利用海南岛 18 个市(县)平均的关键气象因子:降水量(P)、气压(P_r)、相对湿度(h_{RH})、10 m 平均风速(W_{10})、日照时数(h_{SD})与平均气温(T),运用多元线性回归方法建立了关于 O_3-8h 浓度($n_{O_3\text{-8h}}$)的线性回归方程:

$$n_{O_3\text{-8h}} = -0.3527586P + 1.277584P_r - 3.583975h_{RH} + 10.16376W_{10} + 2.47747h_{SD} - 15.92019T - 491.3582 \tag{3.2}$$

图 3.18 给出了由公式(3.2)计算得到的关键气象因子对 O_3-8h 浓度的多元线性回归逐日变化曲线。作为对比,图 3.18 同时给出了观测得到的 O_3-8h 浓度实测值逐日曲线。从图中可以看出,关键气象因子回归的 O_3-8h 浓度与观测得到的 O_3-8h 浓度有较好的一致性,基本能反映出实测值 O_3-8h 浓度的逐日变化。进一步计算二者的相关系数为 0.93,通过了 99.9% 的信度检验。回归值对实测值方差的解释达到了 0.86,即多元回归的 O_3-8h 浓度逐日变化可以解释 86% 的观测得到的 O_3-8h 浓度的逐日变化。由此可知,2019 年 9 月海南岛发生的 O_3 污染事件中,气象因子起到了较为关键的作用。

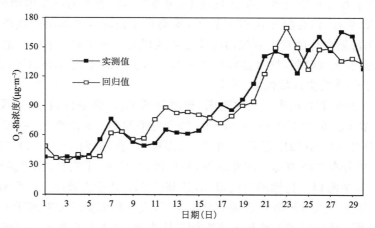

图 3.18　2019 年 9 月海南岛 O_3-8h 浓度逐日观测曲线以及利用气象因子
对 O_3-8h 浓度的多元线性回归曲线

3.3　结论与讨论

(1)2015—2020 年海南岛共有 65 d 发生了区域性 O_3 污染,发生概率为 2.97%。2019 年最多,达到了 21 d,2016 年最少,仅为 3 d。从不同年份的 O_3-8h 浓度超标市(县)平均数看,2018 年最多,为 7.10 个。从单日 O_3-8h 浓度超标市(县)最大值看,2015 年达到了 13 个,2017 年、2018 年和 2019 年也均达到了 11 个,2020 年最小,为 6 个。对比区域性 O_3 污染日和清洁日可知,降水量偏少、相对湿度偏低、平均风速和气压偏大的气象条件,对海南岛发生区域性 O_3 污染有利。

(2)统计发现,2015—2020 年海南岛共发生了 21 次区域性 O_3 污染事件。2019 年发生的

区域性 O_3 污染事件最多,达到了 6 次,2015 和 2018 年为 4 次,2016 年和 2020 年为 3 次,2017 年最少,只发生 1 次。长持续时间的区域性 O_3 污染事件(≥4 d)均发生在秋季,其中 2017 年的区域性 O_3 污染事件持续时间达到了 14 d,其次是 2019 年发生的第 2 次和第 4 次 O_3 污染事件,分别达到了 9 d 和 8 d。2018 年第 3 次和 2015 年第 4 次 O_3 污染事件持续天数分别为 7 d 和 6 d,2015 年第 2 次和 2020 年第 3 次 O_3 污染事件持续天数分别为 5 d 和 4 d,其余事件均在 4 d 以下。2015 年第 3 次超标市(县)个数最多,达到了 13 个,其次是第 4 次(12 个)。2017 年、2018 年第 2 次,2019 年的第 2 次、第 4 次和第 6 次超标市(县)个数也较多,均超过 10 个。

(3)21 次区域性 O_3 污染事件中,发生在秋季 12 次,春季 4 次,冬季 5 次。秋季污染前期 O_3-8h 浓度为 97.91 $\mu g \cdot m^{-3}$,污染时段为 142.23 $\mu g \cdot m^{-3}$,上升了约 45.27%;污染后期为 99.77 $\mu g \cdot m^{-3}$,下降了约 29.85%。春季污染前期 O_3-8h 浓度为 92.38 $\mu g \cdot m^{-3}$,污染时段为 144.78 $\mu g \cdot m^{-3}$,上升了约 56.72%;污染后期为 98.43 $\mu g \cdot m^{-3}$,下降了约 32.01%,变化幅度均大于秋季平均。冬季污染前期 O_3-8h 浓度为 117.82 $\mu g \cdot m^{-3}$,污染时段为 139.42 $\mu g \cdot m^{-3}$,上升了约 18.33%,上升幅度偏小;污染后期为 83.68 $\mu g \cdot m^{-3}$,下降了约 39.98%,下降幅度偏大。

(4)海南岛区域性 O_3 污染事件的发生均与北方冷空气活动密切相关。三个季节有利于发生区域性 O_3 污染事件的天气形势基本一致,但气象要素略有不同。500 hPa 中高纬地区有槽脊活动,850 hPa 受东北气流影响,相对湿度低于 72%,气温分布在 14~16 ℃,地面海南岛温度露点差在 5 ℃左右有利于秋季发生区域性 O_3 污染事件。春季与秋季不同的是,850 hPa 海南岛气温在 14 ℃左右,相对湿度在 60% 以下,均偏低于秋季。冬季由于气温总体较低,因而海南岛区域性 O_3 污染事件的发生对气温的变化更为敏感。500 hPa 中高纬地区有槽脊活动,850 hPa 海南岛受东北风控制,气温分布在 10~12 ℃,相对湿度在 68% 以下,地面温度露点差大于 5 ℃,有利于冬季发生区域性 O_3 污染。

(5)2019 年 9 月海南岛出现一次大范围、长时间的 O_3 污染事件,污染时段(21—30 日)各个市(县)O_3-8h 浓度分布在 100~170 $\mu g \cdot m^{-3}$,全岛平均 O_3-8h 浓度为 146.3 $\mu g \cdot m^{-3}$,平均每天有 6.3 个市(县)O_3-8h 浓度超标,其中 28 日超标市(县)达到 12 个。O_3-8h 浓度超标天数最多的市(县)主要分布在海南岛东部和北部,海口市、文昌市、定安县、澄迈县和屯昌县超标天数均超过了 7 d,其中海口市持续的时间最长,达到了 9 d,超标天数占 9 月所有天数的 30%。

(6)对 2019 年 9 月大气环流背景场的分析表明,大气环流的演变有利于 O_3 及前体物在海南岛的维持和发展。污染时段 500 hPa 高空槽东移出海,西太平洋副热带高压加强西伸,海南岛受副热带高压内部下沉气流影响。低层冷高压南下,天气形势稳定,风速辐合有利于 O_3 及前体物在海南岛积累。大气背景场的垂直分布特征有助于提升混合层中高层光化学反应速率和增强湍流混合作用,导致近地面 O_3 浓度上升,O_3 污染事件发生。

(7)对关键气象因子的逐日变化分析表明,关键气象因子与 O_3-8h 浓度存在较好的相关关系,其中降水量、气压、相对湿度和日照时数与 O_3-8h 浓度的相关系数均通过了 99% 的信度检验。降水量、相对湿度和平均风速在逐日减小,而气压和日照时数在逐渐增加,平均气温维持在 24 ℃ 以上,关键气象因子的变化特征有利于促进光化学反应速率,致使 O_3 浓度维持较高水平。

(8)对 2019 年 9 月 O_3-8h 浓度逐日演变的多元线性回归结果表明,关键气象因子回归的 O_3-8h 浓度与观测得到的 O_3-8h 浓度有较好的一致性,基本能反映出实测值 O_3-8h 浓度的逐日变化。二者的相关系数为 0.93,通过了 99.9% 的信度检验。回归值对实测值方差的解释达到了 0.86。

第 4 章　海南岛臭氧浓度影响因子分析

对流层 O_3 主要由自然排放和人为排放的挥发性有机物（VOCs）、氮氧化合物（NO_x）和一氧化碳（CO）等前体物，在太阳辐射作用下经过一系列复杂的链式光化学反应生成（Wang et al.，2016；符传博 等，2021a），其贡献是平流层 O_3 输送通量的 7～15 倍（Li et al.，2020；Zhao et al.，2020）。当近地面 O_3 达到一定浓度时，一方面会对气候变化、人体健康、生态环境、农作物和社会经济生产等产生重要影响（Feng et al.，2015；冯兆忠 等，2018；张天岳 等，2021），另一方面会增加大气氧化性，促进二次有机气溶胶生成，进一步加重污染天气发生的频率和强度（崔虎雄 等，2013；李红丽 等，2020）。因此，对流层 O_3 污染的形成机制与治理已经成为公众、学者和政府关注的热点。

城市空气质量主要受地面大气污染源排放和气象条件共同影响（郝伟华 等，2018）。一般而言，近地面工业、民用、交通等 O_3 前体物污染源排放强的地区 O_3 浓度偏高，而污染源排放弱的地区 O_3 浓度偏低，如王雪梅等（2001）的研究发现广州地区近地层 O_3 的分布与地面源排放的分布有非常好的对应关系，且对流层低层 O_3 浓度的日变化幅度较大。大尺度环流和局地的气象条件对城市空气质量起到关键性的作用（He et al.，2017；Hu et al.，2018），直接或间接地影响大气污染物的化学反应、传输、扩散和沉降等过程（严仁嫦 等，2018；Ni et al.，2019；Zhan et al.，2020）。如高空急流、台风等天气系统附近容易发生高空 O_3 的下传和积聚，造成地面 O_3 浓度超标（吴蒙 等，2013；岳海燕 等，2018）。此外，高强度的紫外辐射配合高温低湿的气象条件能有效促进光化学反应生成速率，较小的风速和有利的风向会对 O_3 的传输及消散产生影响（符传博 等，2021b；钱悦 等，2021）。谢放尖等（2021）的研究发现，春夏季南京地区 O_3 日变化总体呈单峰状，白天 O_3 浓度高于夜间，O_3 污染的潜在贡献源区主要分布在环太湖城市。黎煜满等（2022）的研究指出，2015—2019 年韶关市 O_3 污染有逐年增加的趋势，同时盆地地形的作用引起下沉气流易导致近地面 O_3 堆积。王旭东等（2021）利用多元线性回归分析方法提取了郑州市 O_3 浓度的主控因子，发现气温、相对湿度和风速对 O_3 浓度变化影响较大。刘桓嘉等（2022）的研究表明，河南省 O_3 与其他污染物成较明显的负相关关系，说明其他污染物的增加在一定程度上不利于 O_3 的生成。

目前关于海南岛 O_3 浓度与前体物和气象因子相关分析的文献较少，本章利用 2015—2020 年海南岛 18 个市（县）O_3 浓度资料，结合同期的前体物浓度和气象要素资料，系统分析海南岛 O_3 浓度与影响因子的关系，确定 O_3 浓度的主控气象因子，同时深入分析 2019 年 11 月三亚市一次典型 O_3 污染过程，以期为当地政府制定切实可行的环境管理政策和气象与环境部门的预报服务工作提供理论依据。

4.1　资料与方法

4.1.1　研究资料

本章选取的资料包括 2015—2020 年海南岛 32 个站点的逐时 O_3 浓度资料,前体物包括 NO_2 和 CO 浓度资料,气象因子为同期的 18 个市(县)气象观测资料,气象资料来自海南省气象局气象信息中心,要素包括平均气温、降水量、日照时数、相对湿度、10 m 平均风速、气压和太阳总辐射等,其中太阳总辐射只有海口市和三亚市两个站点。此外,还用到了 ECMWF 发布的 ERA5。

4.1.2　研究方法

本章首先根据《环境空气质量标准》(GB 3095—2012)中的规定,计算出各个站点的 O_3-8h 浓度,再算出各个市(县)所有站点的 O_3-8h 算术平均值,把 32 个站点的环境监测资料处理成 18 个站点的资料。在确定 O_3 主控因子时,用到了多元线性回归模型和归一化处理。而三亚市 O_3 污染个例分析时,还用到了后向轨迹模型(HYSPLIT),具体参看第 5.1.2 节。

在进行多元线性回归模型构建时,为了消除各个要素之间不同量纲的影响,提高模型的预报精度,对输入数据进行归一化处理,具体公式如下:

$$y = \frac{(y_{max} - y_{min}) \times (x - x_{min})}{x_{max} - x_{min}} + y_{min} \tag{4.1}$$

公式(4.1)是归一化的基本变形式,表示将原始数据压缩在 (y_{min}, y_{max})。x_{max} 和 x_{min} 分别是原始数据中最大值和最小值。y_{max} 和 y_{min} 分别表示归一化后的数据中最大值和最小值。将原始数据归一化至 $(0.0, 1.0)$,便于多元回归模型中各个要素权重的选取。

4.2　结果与分析

4.2.1　海南岛臭氧浓度月值与前体物的相关性

近地面 O_3 主要来源于氮氧化合物(NO_x)和挥发性有机物(VOCs),在太阳紫外辐射作用下,经过一系列复杂的链式光化学反应生成(符传博 等,2021a),O_3 作为一种二次污染物,其浓度变化很大程度上受前体物排放的影响。NO_2 作为 O_3 最重要的前体物之一,其人为排放源主要包括汽车尾气、化石燃料、工业生产、火力发电和金属铸造等(王明星,1999),海南省作为国内著名的旅游省份,工业排放和化石燃烧都较其他省份偏少,但是近年来随着国际旅游岛和海南自贸港建设步伐的加快,民用汽车保有量增长迅速,汽车尾气排放对 NO_2 浓度上升贡献较大(符传博 等,2016c)。CO 也是常见的一种大气污染物,其人为源包括汽车尾气、工业生产、冬季采暖和炉灶燃烧等。CO 是 OH 自由基主要的汇,其浓度变化能影响大气中 OH,进而间接控制着其他大气污染物的反应(杨继东 等,2012)。此外,CO 也是光化学反应的中间产物,其浓度的上升预示着光化学反应速率的加快(符传博 等,2021b),故而 CO 与 O_3 存在密切关系。图 4.1 给出了海南岛 O_3-8h 浓度月平均值与 NO_2 浓度和 CO 浓度的散点图,从中可知,

O_3-8h 浓度与 NO_2 浓度和 CO 浓度存在明显的正相关关系，即 NO_2 浓度和 CO 浓度偏高时，O_3-8h 浓度偏高；而 NO_2 浓度和 CO 浓度偏低时，O_3-8h 浓度也偏低。O_3-8h 浓度与 NO_2 浓度和 CO 浓度的相关系数分别为 0.529 和 0.350（表 4.1），其中 O_3-8h 浓度与 NO_2 浓度的相关系数通过了 99% 的信度检验，而与 CO 浓度的相关系数通过了 95% 的信度检验。

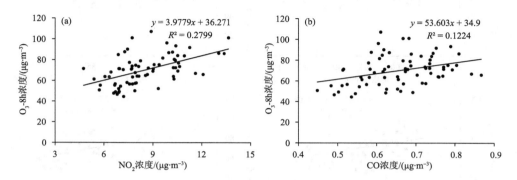

图 4.1　2015—2020 年海南岛月平均 O_3-8h 浓度与主要前体物浓度的相关性

表 4.1　2015—2020 年海南岛 O_3-8h 浓度月平均值与前体物和气象因子的相关系数

项目	前体物		气象因子						
	NO_2	CO	降水量	相对湿度	日照时数	平均气温	平均风速	气压	太阳总辐射
O_3-8h 浓度	0.529**	0.350*	−0.363**	−0.213	−0.332**	−0.560**	0.473**	0.646**	−0.399**

* 表示通过 95% 信度检验，** 表示通过 99% 信度检验，N 代表总样本数，$N=72$。

4.2.2　海南岛臭氧浓度月值与气象因子的相关性

近地面大气中 O_3 浓度的大小，除了与前体物的排放状况有关外，还与气象条件决定的光化学反应、干湿沉降、传输和稀释等有关（符传博 等，2020c）。当不利于污染物扩散的气象条件出现时，污染物在近地面逐渐积累，浓度上升；反之，气象条件有利于污染物向外扩散，则污染物浓度在近地面维持甚至下降。为了更为直观地分析气象因子对 O_3-8h 浓度的影响，图 4.2 进一步给出了 O_3-8h 浓度月平均值与 7 种气象因子的散点图。降水的冲刷作用一直是大气污染物最为有效的清除机制之一，从图 4.2a 可以看出，O_3-8h 浓度与降水量呈显著的负相关关系，即降水量偏多时，O_3-8h 浓度偏低；降水量偏少时，O_3-8h 浓度偏高。二者的相关系数为 −0.363，通过了 99% 的信度检验。相对湿度的大小会对 O_3 的生成和消除产生影响。相对湿度降低时，一方面会减弱大气对太阳辐射的消光机制，增加地面太阳辐射量，提高光化学反应速率（刘晶淼 等，2003）；另一方面不利于 O_3 干沉降作用的发生，延长 O_3 停留在空气中的时间，提升 O_3-8h 浓度（Sarah et al.，2017）。图 4.2b 表明海南岛 O_3-8h 浓度与相对湿度呈负相关关系，二者的相关系数为 −0.213。一般而言，日照时数越长，气温越高，光化学反应越剧烈，因而 O_3-8h 浓度与日照时数和平均气温存在正相关关系（王玫 等，2019；余益军 等，2020；王旭东 等，2021）。从图 4.2c 和 4.2d 可知，海南岛 O_3-8h 浓度与日照时数和平均气温的相关系数分别为 −0.332 和 −0.560，这种相反的变化特征表明海南岛 O_3-8h 浓度更多依赖于其他因素，这与我国其他南方城市一致（沈劲 等，2017；符传博 等，2021c）。平均风速对 O_3 的作用主

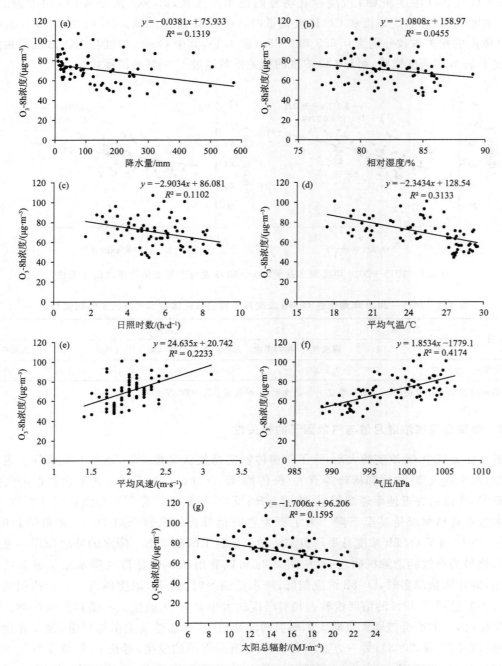

图 4.2　2015—2020 年海南岛月平均 O_3-8h 浓度与气象因子的相关性

要体现在传输和消散方面,风速偏大时,有利于高污染排放区域污染物向外扩散,同时影响着下游地带的污染物外源输送。海南岛 O_3-8h 浓度与平均风速呈较好的正相关关系,相关系数为 0.473,通过了 99% 的信度检验,表明外源输送在一定程度上影响着 O_3-8h 浓度的变化(符传博 等,2021a)。高压天气系统内部盛行下沉气流,故而高压系统控制下的区域多为晴好天气,不利于污染物的垂直输送扩散,同时也对光化学反应提供必要条件。海南岛 O_3-8h 浓度与气压相关系数高达 0.646(图 4.2f),通过了 99% 的信度检验。太阳紫外辐射是影响光化学反应速率的主要因子之一,图 4.2g 表明,海南岛 O_3-8h 浓度与太阳总辐射呈负相关关系,相关系数为 -0.399,这可能与夏季 O_3-8h 浓度偏低有关(符传博 等,2020a),夏季尽管太阳辐射偏强,气温偏高,但是降水等其他气象要素导致 O_3 清除作用增大,故而 O_3-8h 浓度并没有明显上升。O_3-8h 浓度月平均值与 7 种气象因子相关系数绝对值从大到小排列为:气压>平均气温>平均风速>太阳总辐射>降水量>日照时数>相对湿度。

4.2.3　海南岛臭氧浓度月值与影响因子的回归分析

以上分析表明,前体物的排放和气象因子的作用都会对 O_3-8h 浓度变化产生重要影响。一般而言,大量的前体物排放,以及高强度的太阳紫外辐射、高温、低湿、长日照时数、弱风速和有利的风向等气象条件能有效提高光化学反应速率,致使 O_3-8h 浓度上升。本节利用海南岛 18 个市(县)平均的前体物:NO_2 浓度(n_{NO_2})和 CO 浓度(n_{CO}),以及气象因子:降水量(P)、气压(P_r)、相对湿度(h_{RH})、10 m 平均风速(W_{10})、日照时数(h_{SD})、平均气温(T)和太阳总辐射(T_r),运用多元线性回归方法建立了关于 O_3-8h 浓度月平均值的线性回归方程:

$$n_{O_3\text{-}8h}=1.90n_{NO_2}+16.67n_{CO}+0.09P+4.56P_r-3.76h_{RH}-4.38W_{10}-1.94h_{SD}+2.78T-0.21T_r-4258.13 \tag{4.2}$$

图 4.3 给出了由公式(4.2)计算得到的前体物和气象因子对 O_3-8h 浓度月平均值的多元线性回归逐月变化曲线。作为对比,图 4.3 同时给出了观测得到的 O_3-8h 浓度月平均实测值逐月变化曲线。从中可以看出,前体物和气象因子回归的 O_3-8h 浓度月平均值与观测得到的 O_3-8h 浓度具有较好的一致性,基本能反映出实测值 O_3-8h 浓度的逐月变化。进一步计算二者的相关系数为 0.853,通过了 99.9% 的信度检验。回归值对实测值方差的解释达到了 0.73,即多元回归的 O_3-8h 浓度逐月变化可以解释 73% 的观测得到的 O_3-8h 浓度逐月变化。

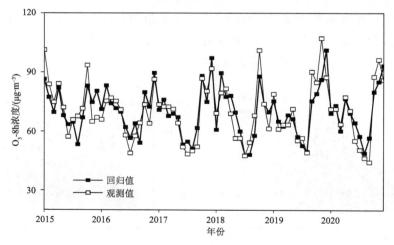

图 4.3　2015—2020 年 O_3-8h 浓度观测值的逐月变化与利用前体物和气象因子
对 O_3-8h 浓度的多元线性回归曲线

为了对比分析前体物和气象因子对 O_3-8h 浓度的相对重要性,分别利用前体物(NO_2、CO)和气象因子(P、P_r、h_{RH}、W_{10}、h_{SD}、T 和 T_r)建立了对应的线性回归方程。结果表明,只考虑前体物的回归 O_3-8h 浓度与观测得到的 O_3-8h 浓度相关系数为 0.529,解释的方差为 0.28;而只考虑气象因子的回归 O_3-8h 浓度与观测得到的 O_3-8h 浓度相关系数为 0.815,解释的方差为 0.66,并且都通过了 99% 的信度检验。由此可知,气象因子的作用对海南岛 O_3-8h 浓度的变化相比于前体物更为重要,其原因可能是前体物中没有考虑可挥发性有机物(VOCs)所致。

4.2.4 海南岛臭氧浓度月值的主控气象因子分析

一般而言,在一定时间内某地区每天排放的 O_3 前体物变化不大,但是气象因子则会有很大差异,特别是转折性天气过程中,由于气象因子的急剧变化可能导致光化学反应剧烈,致使 O_3 浓度超标。从上一节可知,气象因子的作用对海南岛 O_3-8h 浓度月平均值的变化相比于前体物更为重要,本节进一步只对 7 个气象因子建立了关于 O_3-8h 浓度的多元线性回归方程,如公式(4.3)所示。从中可以看出,影响海南岛 O_3-8h 浓度的主控气象因子分别是降水量(P)、气压(P_r)和相对湿度(h_{RH}),其回归系数均超过 2,而 10 m 平均风速(W_{10})、日照时数(h_{SD})、平均气温(T)和太阳总辐射(T_r)对 O_3-8h 浓度的影响相对偏弱。O_3-8h 浓度与 7 种气象因子的回归系数从大到小排列为:气压>相对湿度>降水量>平均气温>日照时数>10 m 平均风速>太阳总辐射。

$$n_{O_3\text{-}8h} = 2.72P + 4.43P_r - 3.24h_{RH} + 0.41W_{10} - 0.84h_{SD} + 1.65T - 0.24T_r - 4128.42$$

$$(4.3)$$

4.2.5 海南岛臭氧浓度日值与前体物的相关性

在不同时间尺度上,影响因子对 O_3-8h 浓度的重要程度也会不同,因此,以下内容主要分析不同影响因子对海南岛 O_3-8h 浓度日值变化的影响。图 4.4 给出了海南岛 O_3-8h 浓度日值与 NO_2 浓度和 CO 浓度的散点图,从中可知,与月平均值类似(图 4.1),O_3-8h 浓度与 NO_2 浓度和 CO 浓度表现为正相关关系。O_3-8h 浓度与 NO_2 浓度和 CO 浓度的相关系数分别为 0.452 和 0.257(表 4.2),均通过了 99% 的信度检验。

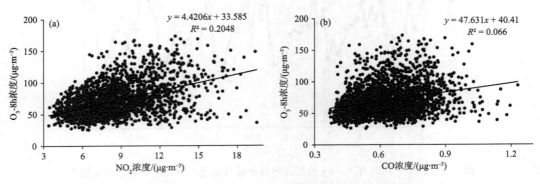

图 4.4　2015—2020 年海南岛 O_3-8h 浓度与主要前体物浓度的相关性

表 4.2　2015—2020 年海南岛 O_3-8h 浓度日值与前体物和气象因子的相关系数

项目	前体物		气象因子						
	NO_2浓度	CO浓度	降水量	相对湿度	日照时数	平均气温	平均风速	气压	太阳总辐射
O_3-8h	0.452**	0.257**	−0.218**	−0.448**	0.044	−0.377**	0.172*	0.421**	−0.091

* 表示通过 95% 信度检验，** 表示通过 99% 信度检验，N 代表总样本数，N=2557。

4.2.6　海南岛臭氧浓度日值与气象因子的相关性

图 4.5 为海南岛 O_3-8h 浓度日值与 7 种气象因子的散点图。从中可见，O_3-8h 浓度日值与日照时数、平均风速和气压呈正相关关系，与降水量、相对湿度、平均气温和太阳总辐射呈负相关关系，其正负相关性与月平均值（表 4.1）基本一致。相关系数绝对值超过 0.4 的有相对湿度和气压，平均气温和降水量在 0.2～0.4，日照时数、平均风速和太阳总辐射在 0.2 以下，其中相对湿度的相关系数高达 −0.448，相关系数绝对值在 7 种气象因子中排名第一，这与月平均值明显不同，表明在不同时间尺度上，海南岛 O_3-8h 浓度影响因子的重要程度也不尽相同。海南岛 O_3-8h 浓度日值与 7 种气象因子相关系数绝对值从大到小排列为：相对湿度＞气压＞平均气温＞降水量＞平均风速＞太阳总辐射＞日照时数。

4.2.7　海南岛臭氧浓度日值与影响因子的回归分析

本节利用海南岛 18 个市（县）平均的前体物：NO_2 浓度和 CO 浓度，以及气象因子：降水量（P）、气压（P_r）、相对湿度（h_{RH}）、10 m 平均风速（W_{10}）、日照时数（h_{SD}）、平均气温（T）和太阳总辐射（T_r），运用多元线性回归方法建立了关于 O_3-8h 浓度日值的线性回归方程：

$$n_{O_3\text{-}8h} = 4.35n_{NO_2} + 4.37n_{CO} + 4.51P + 7.52P_r - 15.61h_{RH} - 2.89W_{10} - 0.36h_{SD} + 1.20T - 3.92T_r + 70.63 \tag{4.4}$$

图 4.6 给出了由公式（4.4）计算得到的前体物和气象因子对 O_3-8h 浓度的多元线性回归逐日变化曲线，同时给出了观测得到的 O_3-8h 浓度实测值逐日变化曲线。图中表明，前体物和气象因子回归 O_3-8h 浓度与观测得到的 O_3-8h 浓度基本一致。进一步计算二者的相关系数为 0.686，通过了 99.9% 的信度检验。回归值对实测值方差的解释达到了 0.471，即多元回归的 O_3-8h 浓度逐日变化可以解释 47.1% 的观测得到的 O_3-8h 浓度的逐日变化。

4.2.8　海南岛臭氧浓度日值的主控气象因子分析

利用 7 个气象因子建立了关于 O_3-8h 浓度日值的多元线性回归方程，如公式（4.5）所示。从中发现，影响海南岛 O_3-8h 浓度的主控气象因子分别是相对湿度（h_{RH}）、气压（P_r）和太阳总辐射（T_r），其回归系数均超过 5，降水量（P）、10 m 平均风速（W_{10}）和平均气温（T）在 2～4，日照时数（h_{SD}）最小，回归系数只有 0.29。O_3-8h 浓度日值与 7 种气象因子的回归系数从大到小排列为：相对湿度＞气压＞太阳总辐射＞10 m 平均风速＞降水量＞平均气温＞日照时数，与月平均值（公式（4.3））明显不同，也表明在不同时间尺度上，O_3-8h 浓度的影响因子重要程度也不同。

$$n_{O_3\text{-}8h} = 3.09P + 7.13P_r - 15.26h_{RH} - 3.33W_{10} + 0.29h_{SD} - 2.13T - 5.91T_r + 70.63 \tag{4.5}$$

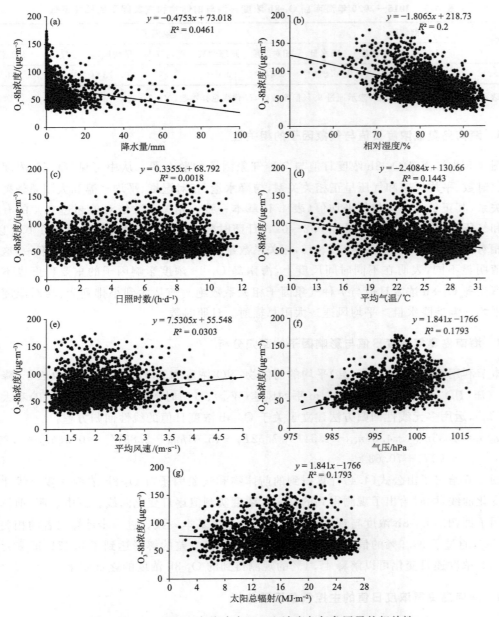

图 4.5 2015—2020 年海南岛 O_3-8h 浓度与气象因子的相关性

4.2.9 气象因子对海口市臭氧浓度的影响

图 4.7a 给出了海口市 O_3-8h 浓度与平均气温、相对湿度关系的散点图,图 4.7b 为 O_3-8h 浓度与太阳总辐射、日照时数的散点图。从中可以发现,海口市 O_3-8h 浓度超过国家二级标准 160 $\mu g \cdot m^{-3}$ 时,不同的气象因子范围存在差异。从平均气温和相对湿度上看(图 4.7a),当平均气温在 18~28 ℃,相对湿度位于 65%~80% 时,海口市 O_3-8h 浓度容易超标。一般而言,气温越高,表明太阳紫外辐射越强,对光化学反应有利;另一方面气温偏高时,污染物粒子碰撞

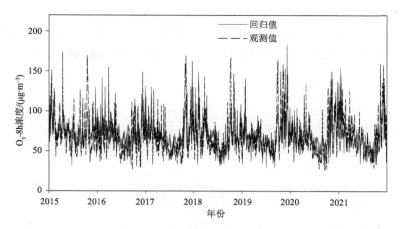

图 4.6　2015—2020 年 O_3-8h 浓度观测值的逐日变化与利用前体物和气象因子
对 O_3-8h 浓度的多元线性回归曲线

越快,光化学过程速率越大(梁俊宁 等,2019)。平均气温在 28 ℃ 以上的时段主要发生在夏季,此时海口市多受来自海洋的清洁气流影响,因此 O_3-8h 浓度没有出现超标。相对湿度与 O_3-8h 浓度密切相关,相对湿度偏高时,会减弱太阳紫外辐射,加大 O_3 的干沉降效应(徐锟 等,2018;符传博 等,2020c),因而相对湿度与 O_3-8h 浓度存在一定的负相关关系。从太阳总辐射和日照时数(图 4.7b)上看,太阳总辐射在 $6\sim23$ MJ·m^{-2}、日照时数位于 $4\sim10$ h·d^{-1} 时,海口市 O_3-8h 浓度容易超标。一般来看,太阳总辐射偏大,日照时数偏长时,光化学反应较剧烈,有利 O_3-8h 浓度升高。在太阳总辐射超过 23 MJ·m^{-2}、日照时数大于 9 h·d^{-1} 时段,海口市 O_3-8h 浓度较低,这可能是此时段多出现在夏季,海口市受偏南气流影响,来自海洋的清洁气流稀释了 O_3 及其前体物浓度,进而不利于 O_3 浓度升高(符传博 等,2020c)。

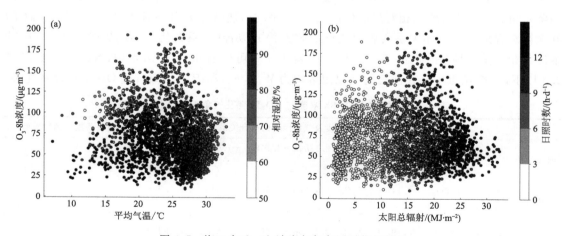

图 4.7　海口市 O_3-8h 浓度与气象因子的相关性

图 4.8 进一步给出了海口市 O_3-8h 浓度超标时段不同风向风速及风频分布。从中可以看出,海口市 O_3-8h 浓度超标时,风向主要分布在西北偏西风至东北偏东风,其中以东北风为主。高风速(4 m·s^{-1} 以上)主要分布在东北偏北风到东北偏东风之间,且高浓度(186 $\mu g·m^{-3}$)

O_3-8h 浓度超标主要发生在风速为 $4\sim6$ m·s^{-1} 的东北风,说明海口市在东北风控制下,风速在 $4\sim6$ m·s^{-1} 时最有利于 O_3-8h 浓度的上升。冬半年海口市位于我国东南沿海省份的下游方向,光化学污染物可通过冷空气的影响从上游源区向海口市输送,导致 O_3 污染水平升高(符传博 等,2020d)。

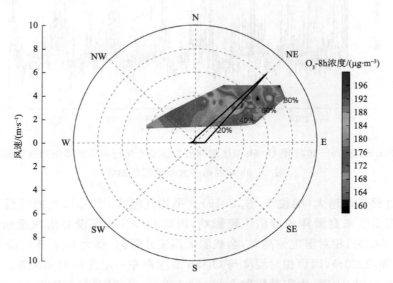

图 4.8　海口市 O_3-8h 超标浓度分布及风频图(另见彩图)

4.2.10　海口市不同站点臭氧浓度主控因子

利用多元线性回归方法建立了海口市 4 个站点 O_3-8h 浓度与前体物 NO_2 及 7 个气象要素的线性回归方程(表 4.3),计算前对自变量做了归一化处理。其中选取的 7 个气象因子分别为降水量(P)、气压(P_r)、相对湿度(h_{RH})、10 m 平均风速(W_{10})、日照时数(h_{SD})、平均气温(T)和太阳总辐射(T_r)。相关系数表示线性回归方程的拟合度,系数代表不同影响因子对 O_3-8h 浓度的相对重要性(王旭东 等,2021)。从表 4.3 中可以看出,4 个站点中,NO_2 的系数均在 0.6 以下,4 个站点中排在前三的气象因素均为 W_{10}、h_{RH} 和 P_r,为海口市 O_3-8h 浓度的主控

表 4.3　不同站点 O_3-8h 浓度与 NO_2 浓度及气象要素的拟合关系

站点	O_3-8h 浓度与 NO_2 浓度及气象因子的拟合关系	相关系数	信度检验/%
海大站	$n_{O_3\text{-}8h}=0.18n_{NO_2}+0.14P+1.80P_r-2.13h_{RH}-4.15W_{10}+1.06h_{SD}-0.06T-$ $1.36T_r-1533.28$	0.557	99.9
海师站	$n_{O_3\text{-}8h}=0.56n_{NO_2}+0.14P+2.54P_r-2.16h_{RH}-3.32W_{10}+1.44h_{SD}+1.88T-$ $2.16T_r-2323.14$	0.575	99.9
龙华站	$n_{O_3\text{-}8h}=0.28n_{NO_2}+0.19P+2.46P_r-2.12h_{RH}-4.66W_{10}-0.55h_{SD}+1.59T-$ $0.54T_r-2247.42$	0.527	99.9
秀英站	$n_{O_3\text{-}8h}=0.43n_{NO_2}+0.12P+2.25P_r-2.11h_{RH}-2.66W_{10}+0.19h_{SD}+1.37T-$ $1.18T_r-2037.06$	0.566	99.9

因子。O_3-8h 浓度与 W_{10} 和 h_{RH} 呈负相关关系，与 P_r 呈正相关关系，即 W_{10} 和 h_{RH} 偏小，P_r 偏大时，有利于海口市 O_3-8h 浓度升高。对于 h_{SD} 而言，海大站和海师站的系数偏大，而龙华站和秀英站的系数较小；T 的系数是海师站、龙华站和秀英站偏大，海大站偏小；T_r 的系数是海大站、海师站和秀英站偏大，龙华站偏小；P 的系数均偏小，说明不同站点的 O_3 浓度影响因素不同，体现了 O_3 浓度变化的复杂性。

4.2.11 气象因子对三亚市臭氧浓度的影响

三亚市 O_3-8h 浓度与平均气温、相对湿度、太阳总辐射和日照时数的散点图见图 4.9。图中表明，三亚市 O_3-8h 浓度超标时，不同气象因子范围存在差异。总体而言，平均气温在 15~25 ℃，相对湿度位于 65%~80% 时，太阳总辐射在 14~24 MJ·m^{-2}，日照时数位于 6~10 h·d^{-1} 时，O_3-8h 浓度容易超标。一般而言，高温、低湿、强太阳辐射和长日照时数是非常有利于提升光化学反应速率的（符传博等，2022c）。从图中可以发现，三亚市平均气温超过 25 ℃，太阳总辐射大于 25 MJ·m^{-2}，日照时数在 10 h·d^{-1} 之上时，三亚市 O_3-8h 浓度没有出现超标，这可能是相对湿度偏高所致（≥ 90%），表明 O_3 浓度是多个影响因子共同作用的结果。

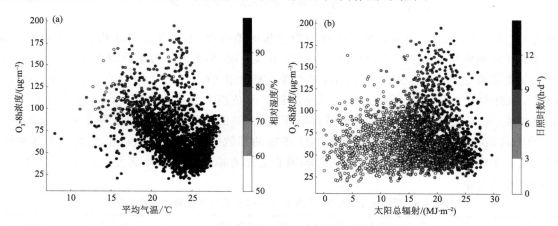

图 4.9 三亚市 O_3-8h 浓度与平均气温和相对湿度（a）以及与太阳总辐射和日照时数（b）的散点图

图 4.10 为三亚市 O_3-8h 浓度超标时段不同风向风速及风频分布。从风向看，东北风是三亚市 O_3-8h 浓度超标的主要风向。冬半年在东北风风场的控制下，北方冷空气携带 O_3 及其前体物从上游源区输送至三亚市，配合上有利的气象条件，三亚市 O_3 浓度出现了不同程度的上升。从风速看，风速在 0~15 m·s^{-1} 时，三亚市 O_3-8h 浓度均有可能超标。在低风速区域（≤ 6 m·s^{-1}），O_3-8h 浓度主要分布在 160~172 μg·m^{-3}；而风速位于 6~12 m·s^{-1} 的高风速区域时，O_3-8h 浓度可达到 172~178 μg·m^{-3}。表明风速偏大时更有利于三亚市 O_3-8h 浓度的上升，这可能与地形的影响有关（符传博 等，2022c）。

4.2.12 三亚市不同站点臭氧浓度主控因子

选取了前体物 NO_2 浓度和 7 个气象要素作为自变量，三亚市两个站点 O_3-8h 浓度作为因变量，采用多元线性回归方法建立多元线性回归方程见表 4.4，其中选取的 7 个气象因子分别为降水量（P）、气压（P_r）、相对湿度（h_{RH}）、10 m 平均风速（W_{10}）、日照时数（h_{SD}）、平均气温（T）

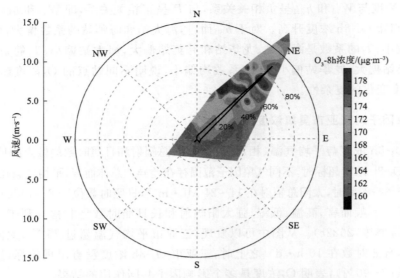

图 4.10 三亚市 O_3-8h 超标浓度分布及风频图（另见彩图）

和太阳总辐射（T_r）。相关系数表示线性回归方程的拟合度,系数代表不用影响因子对 O_3-8h 浓度的相对重要性（王旭东 等,2021）。从表中可以发现,NO_2 浓度的系数均在 0.7 以下,可以推测气象要素是两个站点的主控因子,其中排在前 4 位的主控因子均为 W_{10}、h_{RH}、h_{SD} 和 T。O_3-8h 浓度与 W_{10} 和 h_{SD} 呈正相关关系,与 h_{RH} 和 T 呈负相关关系。此外,O_3-8h 浓度与 P_r 呈正相关关系,与 T_r 呈负相关关系。两个站点中降水量（P）的系数均最小,表明降水对三亚市 O_3-8h 浓度的影响最弱。对比来看,河西站 NO_2 浓度的系数明显偏高于河东站,河西站前体物的影响偏大于河东站,说明 O_3-8h 浓度的影响因素会随着地点位置变化而发生改变,体现了 O_3 影响因素的复杂性。

表 4.4 不同站点 O_3-8h 浓度与 NO_2 浓度及气象要素的拟合关系

站点	O_3-8h 浓度与 NO_2 浓度及气象因子的拟合关系	相关系数	信度检验/%
河东站	$n_{O_3\text{-8h}} = 0.30n_{NO_2} + 0.01P + 0.64P_r - 2.12h_{RH} + 2.20W_{10} + 0.76h_{SD} - 0.88T - 0.14T_r - 359.75$	0.709	99.9
河西站	$n_{O_3\text{-8h}} = 0.62n_{NO_2} - 0.06P + 0.41P_r - 2.04h_{RH} + 2.08W_{10} + 0.92h_{SD} - 0.70T - 0.11T_r - 146.03$	0.699	99.9

4.2.13 2019 年 11 月三亚市典型臭氧污染个例分析

4.2.13.1 2019 年 11 月三亚市空气质量概况

为了进一步分析地形对三亚市空气质量的影响,本节对 2019 年 11 月三亚市一次典型 O_3 污染过程进行分析。表 4.5 给出了三亚市 2019 年 11 月 1—6 日 6 种主要大气污染物浓度值。监测结果表明,4 日和 5 日 O_3-8h 浓度分别为 162 $\mu g \cdot m^{-3}$ 和 180 $\mu g \cdot m^{-3}$,超标百分比为 101.25% 和 112.50%,均超过了国家二级标准。O_3-1h 浓度（臭氧最大 1 h 平均浓度）在 5 日达到了 203 $\mu g \cdot m^{-3}$,也超过了国家二级标准,超标百分比为 101.50%。除了 O_3 之外,其余大气污染物浓度均没有超标,O_3是三亚市此次大气污染过程的首要污染物。O_3浓度最大值出现在 5 日,其余 5 类污染物浓度最大值则出现在 4 日。如 $PM_{2.5}$ 和 PM_{10} 浓度 4—5 日分别下降了 6 $\mu g \cdot m^{-3}$ 和 5 $\mu g \cdot m^{-3}$,NO_2 和 CO 分别下了 4 $\mu g \cdot m^{-3}$ 和 0.1 $mg \cdot m^{-3}$,SO_2 浓度保持不变,O_3-8h 浓度和 O_3-1h 浓度均上升了 18 $\mu g \cdot m^{-3}$。O_3 浓度的大小主要受前体物浓度和气象条件影响,表 4.6 进一步给出了 2019 年 11 月 1—6 日三亚市气象要素对比。从表中可以看出,5 日气压相比于 4 日较为接近,平均气温略有下降,相对湿度下降至 72%,平均风速从 5.5 $m \cdot s^{-1}$ 下降至 4 $m \cdot s^{-1}$。一方面,大气中水汽偏少有利于太阳紫外辐射到达地表面,提升光化学反应速率;另一方面,相对湿度偏低不利于大气 O_3 的干沉降作用(吴锴 等,2017)。此外,三亚市 5 日平均风速进一步下降,减弱了气流对 O_3 的水平扩散作用。综上可知,较低的相对湿度和较弱的风速对三亚市 O_3 浓度上升起到显著影响。

表 4.5　2019 年 11 月 1—6 日三亚市 AQI 和大气污染物浓度对比

日期	AQI	$PM_{2.5}$浓度/ ($\mu g \cdot m^{-3}$)	PM_{10}浓度/ ($\mu g \cdot m^{-3}$)	SO_2浓度/ ($\mu g \cdot m^{-3}$)	NO_2浓度/ ($\mu g \cdot m^{-3}$)	O_3-8h 浓度/ ($\mu g \cdot m^{-3}$)	O_3-1h 浓度/ ($\mu g \cdot m^{-3}$)	CO 浓度/ ($mg \cdot m^{-3}$)
1	26	6	14	4	5	52	59	0.4
2	37	12	29	4	4	74	79	0.4
3	67	20	39	4	13	120	136	0.4
4	102	46	76	7	20	162	185	0.7
5	119	40	71	7	16	180	203	0.6
6	82	36	62	6	14	141	144	0.6

表 4.6　2019 年 11 月 1—6 日三亚市气象要素对比

日期	降水量/mm	平均气温/℃	相对湿度/%	平均风速/($m \cdot s^{-1}$)	气压/hPa
1	105.8	22.7	100	6.2	965.0
2	3.9	23.3	90	8.5	964.8
3	0.0	23.1	81	4.9	964.9
4	0.0	23.1	78	5.5	965.3
5	0.0	22.3	72	4.0	964.5
6	0.0	21.6	79	4.0	962.9

图 4.11 进一步给出了 2019 年 11 月 1—5 日三亚市 O_3-1h 浓度、NO_2 浓度和气象要素逐时变化。从污染物浓度变化上可以分为两个时段,即 1—2 日为清洁时段,4—5 日为污染时段。从污染物浓度变化上看,清洁时段 O_3-1h 浓度和 NO_2 浓度日变化不明显,O_3-1h 浓度基本在 80 $\mu g \cdot m^{-3}$ 以下,NO_2 浓度维持在 8 $\mu g \cdot m^{-3}$ 附近;在污染时段,O_3-1h 浓度日变化非常明显,14:00—19:00 是 O_3-1h 浓度高值时段,4 日 O_3-1h 浓度最大值出现在 17:00,为 185 $\mu g \cdot m^{-3}$,5 日出现在 15:00,为 203 $\mu g \cdot m^{-3}$。NO_2 作为 O_3 的前体物,其浓度变化与 O_3 浓度有很好的负相关关系,NO_2 浓度最大值出现在 08:00—09:00,随后受光化学反应的消耗,浓度快速下降,并在反应最为剧烈的下午时段降至最低值。从气象要素变化上看,清洁时段三亚市风速偏大,为东到东北风,并伴随有降水发生。受降水影响,相对湿度明显偏高,平均气温日变化不大,基本维持在 23 ℃附近;污染时段风速有所减小,同时风向逆转为东北风,平均气温的大值时段和

相对湿度小值时段均出现在 13:00—15:00,偏早于 O_3 浓度大值时段 2～3 h。高温低湿是两个有利于光化学反应发生的基本气象条件,气温偏高往往预示着太阳紫外辐射偏强,光化学反应剧烈;空气中的相对湿度偏大时,一方面紫外辐射强度会因水汽的消光机制而发生衰减,另一方面水汽会直接通过化学反应消耗 O_3 浓度(吴锴 等,2017),因此,高气温和低湿度会影响光化学反应的剧烈程度,从而影响 O_3 浓度的水平。

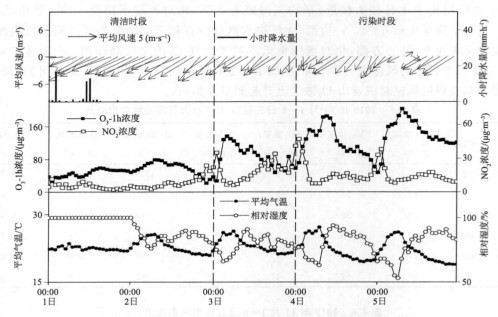

图 4.11　2019 年 11 月 1—5 日三亚市 O_3-1h 浓度、NO_2 浓度和气象要素逐时变化

4.2.13.2　环流形势分析

　　某一城市或区域的污染物排放量在一定时间段内是稳定不变的,天气形势和气象条件的变化往往会影响着污染物的聚集程度,从而决定了大气污染事件发生频率和严重程度(李崇等,2017)。从 500 hPa 环流形势看(图 4.12),清洁时段(图 4.12a 和图 4.12b)东亚地区中高纬呈现一槽一脊的天气形势(11 月 1 日),等高线经向度较大,有利于引导冷空气南下。台湾省以东洋面上有一气旋性环流缓慢西移,11 月 2 日位于台湾省南部,强度有所发展,三亚市位于气旋性环流西侧,受其东北气流控制。污染时段(图 4.12c 和图 4.12d)中高纬地区等高线较为平直,槽和脊强度减小,气旋性环流减弱消失,西太平洋副热带高压东段和西端开始连接,三亚市位于其内部,受其下沉气流影响,不利于三亚市污染物的扩散。

　　从低层看(图 4.13),清洁时段(图 4.13a 和图 4.13b)华南地区等压线较为稀疏,1012.5 hPa 线位于海南岛南部,925 hPa 风场为东到东北风控制,风速整体偏小,海南岛相对湿度分布在 80%～90%。污染时段(图 4.13c 和图 4.13d),位于南海中东部的热带扰动有所发展,11 月 5 日其中心气压值为 1002.5 hPa,受其西移影响,1012.5 hPa 等压线北退至海南岛北部,华南地区等压线较为密集,925 hPa 风速偏大,有利于北方污染物向三亚市输送。海南岛北部、中部和东部相对湿度在 80% 以上,而西部和南部的相对湿度明显降低,在 68% 以下,较低的相对湿度更加有利于三亚市光化学反应的发生。

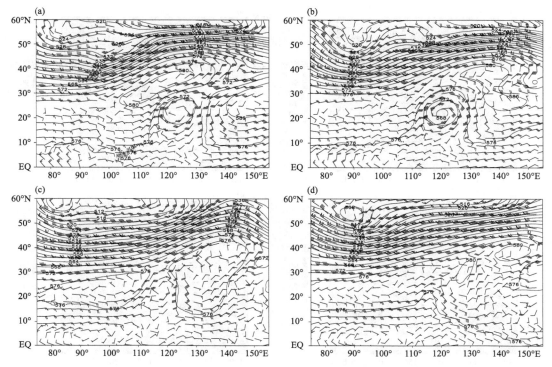

图 4.12　2019 年 11 月 1 日(a)、2 日(b)、4 日(c)和 5 日(d)500 hPa 高度场
(黑色实线,100 dagpm)和风场(m·s^{-1})

4.2.13.3　污染气团后向轨迹

利用美国国家海洋和大气管理局(NOAA)的 HYSPILT4 后向轨迹模型,以三亚市为起始点,对 11 月 1 日 08:00、2 日 08:00、3 日 08:00、4 日 08:00 和 5 日 08:00,三个高度(10 m、500 m、1000 m)的影响气流进行后向轨迹分析(图 4.14)。从不同时间上看,气流轨迹随着时间的推移缓慢逆时针旋转。1 日和 2 日的影响气流均来自台湾省以东的西太平洋海面,经过南海北部,从海南岛以东洋面到达三亚市。3 日的影响气流主要来自我国东南沿海,从台湾海峡经过南海北部、海南岛东北部到达三亚市。污染时段(4 日和 5 日)的影响气流主要来自我国内陆地区,4 日和 5 日 10 m 高度的气流轨迹分别起始于广东省北部和湖南省东南部,经过广东省珠三角地区西部,从海南岛北部穿过五指山山脉到达三亚市。500 m 和 1000 m 高度的影响气流较为相近,4 日和 5 日分别起始于江西省中部和浙江省西部,途经福建省和江西省交界,经过广东省珠三角地区,从海南岛北部穿过五指山山脉到达三亚市。从不同高度上看,影响气流起始位置随着高度的增加而远离三亚市,这可能是高度越低,地表摩擦越大,影响气流速度越慢所致,特别是来自内陆地区的气流(4 日和 5 日),不同高度的影响气流起始点相差较大。

总体而言,清洁时段的影响气流主要来自西太平洋海面,气团相对较为清洁,没有明显的外来污染输送;污染时段的影响气流主要来自我国内陆地区,特别是不同高度的气流均经过经济高度发达、污染较为严重的珠三角地区,外源输送比较明显。此外,清洁时段影响气流主要从海南岛东部海面到达三亚市,而污染时段的气流主要从海南岛东北部,经过中部的五指山山脉到达三亚市,可能中部山区地形会对此次大气污染过程造成显著影响。

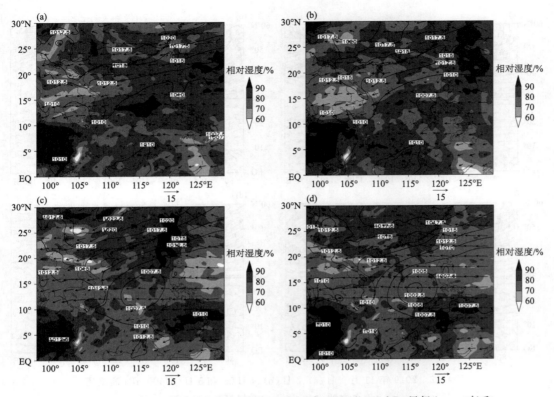

图 4.13 2019 年 11 月 1 日(a)、2 日(b)、4 日(c)和 5 日(d)925 hPa 风场(m·s^{-1})和海平面气压分布(黑色实线,hPa)

4.2.13.4 地面气象要素分析

从前面的分析可知,三亚市 O_3 污染期间的影响气流主要从我国内陆经过广东珠三角地区,从海南岛东北部穿过五指山山脉到达三亚市,外源输送较为明显,地形的作用也不可忽视。大气是一种流体,空气在流动时碰到山体会有两个方向的变化,其一是爬升越过山体,从背风坡下沉到达地面;其二是从山体前方分成两支,绕流到山体后部汇合。图 4.15 分别给出了清洁时段(图 4.15a 和图 4.15b)和污染时段(图 4.15c 和图 4.15d)海南岛 950 hPa 风场、气温和垂直速度的空间分布。从图中可以清楚地看出,清洁时段海南岛低层风场主要为东风或东到东北风,水平风风速偏大。在海南岛东部和北部有明显的上升气流存在,而在西部和南部主要受下沉气流控制,三亚市位于其下沉气流控制区。污染时段低层风向逆时针旋转为东北风,而且水平风风速较清洁时段明显偏小。在五指山以北地区主要为上升气流控制,五指山以南地区为下沉气流,南部沿海又表现为上升气流。一般而言,下沉气流不利于污染物在垂直方向上的扩散,三亚市在污染时段表现为上升气流未能反映出 O_3 浓度增长的原因,由此推断水平方向的绕山气流辐合作用对三亚市 O_3 浓度上升影响更大。

为了进一步揭示绕山气流的辐合效应对三亚市 O_3 浓度增长的作用,图 4.16 给出了清洁时段(图 4.16a 和图 4.16b)和污染时段(图 4.16c 和图 4.16d)海南岛 950 hPa 散度和流场的空间分布。1 日(图 4.16a)海南岛流线主要呈东西向分布,海南岛东部有一辐合中心,西部为辐散中心,三亚市位于南侧的辐散场内,散度值为 -4×10^{-5} s^{-1};2 日(图 4.16b)流线略有逆

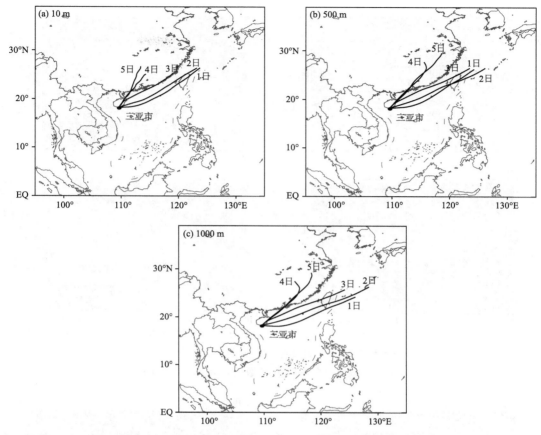

图 4.14　2019 年 11 月 1—5 日 08:00 三亚市不同高度 48 h 后向轨迹

转,与图 4.15 风场的分布一致。此时西部的辐散中心转变为辐合中心,海南岛东南部出现辐散中心,三亚市位于辐散中心附近。4 日(图 4.16c)海南岛流线进一步逆转为东北西南走向,南部有一明显的辐合中心,中心值高达 $-5 \times 10^{-5} \cdot s^{-1}$,三亚市位于其大值区边缘,全岛没有明显的辐散中心。5 日(图 4.16d)西南部的辐合中心有所东移,大值区范围有所减小,三亚市仍位于其大值区内,气流辐合强度更大,更有利于污染物浓度上升。总体而言,清洁时段三亚市低层散度主要表现为辐散场控制,没有明显的气流辐合作用,不利于 O_3 浓度上升;而在污染时段,三亚市附近出现明显的气流辐合中心,特别是污染较重的 5 日,气流辐合作用更强。从前面的分析可知,污染时段三亚市的影响气流主要来自江西、浙江等地,经过广东珠三角地区到达海南岛。结合图 4.15 可知,在五指山以北地区低层水平风风速偏大,五指山以南地区由于山体阻挡和绕山气流辐合作用,水平风风速明显减小,污染气团可能在三亚市聚集。此外,从图 4.11 可以进一步看出,污染时段三亚市高温、低湿和弱风的气象条件,有利于本地光化学反应速率的增强,进一步促进 O_3 浓度上升。由此可推断,三亚市此次 O_3 污染过程是外源输送和本地光化学反应生成的共同作用结果,五指山山脉引起的低层气流绕流辐合起到了关键的促进作用。

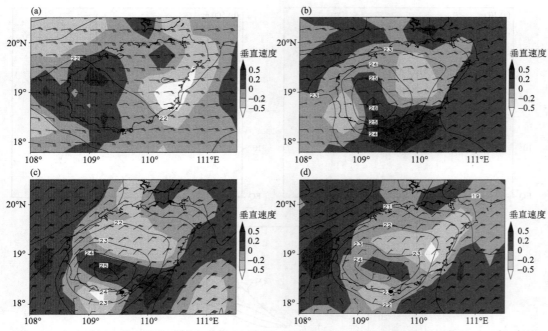

图 4.15　2019 年 11 月 1 日 14 时(a)、2 日 14 时(b)、4 日 14 时(c)和 5 日 14 时(d)风场(m・s^{-1})、气温
（黑色实线，℃）和垂直速度（填色，Pa・s^{-1})分布
（正数代表垂直向下运动，负数代表垂直向上运动）

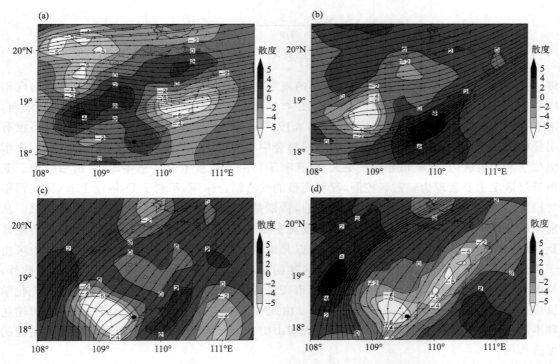

图 4.16　2019 年 11 月 1 日 14 时(a)、2 日 14 时(b)、4 日 14 时(c)和 5 日 14 时(d)散度场(10^{-5}s^{-1})和流场分布
（正数代表水平辐散，负数代表水平辐合）

4.2.13.5　垂直气象要素分析

图 4.17 给出了三亚市 11 月 1—6 日不同层次垂直风和水平速度分布。从垂直风看(图 4.17a),1—3 日三亚市不同层次上垂直风偏小,没有明显的上升或下降气流,而 4 日 15:00 和 5 日 15:00 附近均出现了较为明显的上升气流,其中心值分别达到了 -0.6 Pa·s^{-1} 和 -1.2 Pa·s^{-1},高度位于 900 hPa 附近,结合前面的分析可知,这可能与低层气流绕山辐合上升有关,此时三亚市 O_3 浓度是一天中最高的时段,揭示了低层水平风的辐合作用有利于污染物的聚集,O_3 浓度上升。从不同层次水平风速看(图 4.17b),三亚市 900 hPa 高度层上水平风速存在明显的日变化特征,白天风速偏小,夜间风速增大,特别是 02:00 附近,水平风速基本都超过 12 m·s^{-1},达到低空急流标准,4 日凌晨低空急流风速高达 14 m·s^{-1}。夜间没有太阳紫外辐射,极大影响了光化学反应 O_3 的生成;其次夜间低空风速加大会加强 O_3 的扩散作用,进一步降低三亚市 O_3 浓度。夜间低空急流的形成主要认为与惯性振荡有关,白天混合层内风矢量保持准地转分布,夜间边界层转变为稳定边界层,近地面空气与地表的拖曳摩擦作用逐渐降低,导致地转偏向力发生惯性振荡,从而形成低空急流(刘超 等,2020)。4 日下午和 5 日下午时段,三亚市 900 hPa 高度的水平风速明显减弱,5 日 14:00 附近水平风风速基本在 2 m·s^{-1} 以下,非常不利于低层 O_3 的水平扩散。

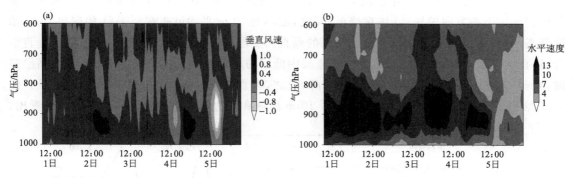

图 4.17　2019 年 11 月 1—6 日三亚市不同层次垂直风(a,Pa·s^{-1})和水平速度(b,m·s^{-1})分布
(垂直风正数代表垂直向下运动,负数代表垂直向上运动)

从前面的分析可知,污染时段低层水平风受五指山山脉的阻挡,风向在三亚市有明显的绕流辐合变化。图 4.18 进一步给出了三亚市 11 月 1—6 日不同层次散度场分布,从图中可以看出 1—3 日三亚市 1000 hPa 附近气流基本表现为辐散,而 4 日 15:00 和 5 日 15:00 附近出现了较强的辐合区,分布在 900 hPa 以下,其中心值分别达到了 -9×10^{-5}·s^{-1} 和 -12×10^{-5}·s^{-1},气流辐合时段与 O_3 浓度高值时段十分吻合,由此推断低层水平风向的辐合作用与三亚市 O_3 浓度关系密切。进一步计算 4 日 00:00—5 日 23:00 逐时 O_3 浓度与三亚市 925 hPa、950 hPa、975 hPa 和 1000 hPa 散度值的相关系数,其值分别为 -0.428、-0.636、-0.671 和 -0.743,其中 925 hPa 层通过 99% 的信度检验,其余三层均通过 99.9% 的信度检验。此外,从不同层次的相关系数可以看出,层次越低,其散度与 O_3 浓度的相关系数越高,这也进一步证明了低层风向辐合效应对 O_3 浓度上升有较大贡献。

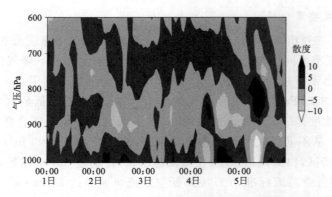

图 4.18　2019 年 11 月 1—6 日三亚市不同层次散度场（$10^{-5}\,\mathrm{s}^{-1}$）分布

4.2.13.6　动力影响因子

一个城市或区域出现污染物浓度超标时，其污染成因除了外源输送对本地污染物浓度的影响外，还应该考虑本地气象特征对污染物的扩散作用。本节选取了三亚市 10 m 平均风速和 500 hPa 与 850 hPa 水平风垂直切变（以下简称垂直切变）两个动力因子（符传博 等，2016c），探讨其与三亚市 O_3 浓度的相关关系。一般而言，10 m 平均风速偏大时，有利于污染物向三亚市下游方向输送，O_3 浓度降低；反之，偏小的 10 m 平均风速有利于 O_3 的聚集加强，浓度升高。500 hPa 与 850 hPa 之间水平风的垂直切变能较好地反映大气对流层中低层垂直混合，垂直切变偏大时，说明三亚市上空对流层中低层的垂直混合偏强，有利于本地 O_3 向高空扩散，减弱 O_3 在近地面层的堆积，浓度的下降；反之，垂直切变偏小时，有利于 O_3 浓度上升。图 4.19 给出了三亚市 2019 年 11 月 1—5 日 10 m 风速和垂直切变逐时变化。从图中可以看出，

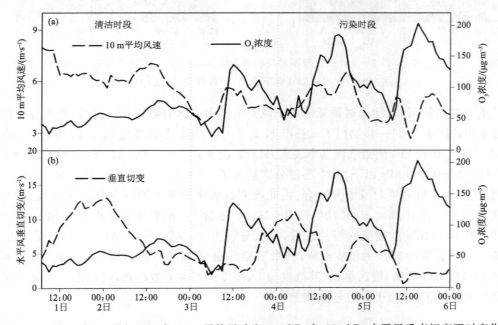

图 4.19　2019 年 11 月初三亚市 10 m 平均风速和 500 hPa 与 850 hPa 水平风垂直切变逐时变化

污染时段三亚市 10 m 风速与 O_3 浓度存在一定的负相关关系,特别是 5 日 13:00,10 m 平均风速出现一个明显的低值,为 $2.67\ m\cdot s^{-1}$,O_3 浓度快速上升,15:00 达到此次污染过程的最大值,为 $203\ \mu g\cdot m^{-3}$。污染时段垂直切变与 O_3 浓度的负相关关系更为显著,O_3 浓度的峰值与垂直切变的谷值基本一一对应,即 O_3 浓度偏高时,垂直切变偏低。进一步计算 O_3 浓度与垂直切变的相关系数为 -0.802,通过了 99.9% 的信度检验。

4.3　结论与讨论

(1)与前体物的相关性分析表明,海南岛 O_3-8h 浓度月平均值与 NO_2 和 CO 存在明显的正相关关系,其相关系数分别为 0.529 和 0.35,其中与 NO_2 浓度的相关系数通过了 99% 的信度检验,而与 CO 浓度的相关系数通过了 95% 的信度检验。与月平均值类似,O_3-8h 浓度日值与 NO_2 和 CO 表现为正相关关系,相关系数分别为 0.452 和 0.257,均通过了 99% 的信度检验。前体物浓度偏高时,有利于促进海南岛 O_3-8h 浓度上升。

(2)与气象因子的相关性分析表明,O_3-8h 浓度月平均值与降水量、相对湿度、日照时数、平均气温和太阳总辐射呈负相关关系,与平均风速和气压呈正相关关系。其中与降水量、日照时数、平均气温、平均风速、气压和太阳总辐射的相关系数通过了 99% 的信度检验。O_3-8h 浓度月平均值与 7 种气象因子相关系数绝对值从大到小排列为:气压>平均气温>平均风速>太阳总辐射>降水量>日照时数>相对湿度。O_3-8h 浓度日值与日照时数、平均风速和气压呈正相关关系,与降水量、相对湿度、平均气温和太阳总辐射呈负相关关系,其正负相关性与月平均值基本一致。海南岛 O_3-8h 浓度日值与 7 种气象因子相关系数绝对值从大到小排列为:相对湿度>气压>平均气温>降水量>平均风速>太阳总辐射>日照时数。表明在不同时间尺度上海南岛 O_3-8h 浓度影响因子的重要程度也不尽相同。

(3)月平均的 O_3-8h 浓度回归分析表明,利用前体物和气象因子回归的 O_3-8h 浓度与观测得到的 O_3-8h 浓度具有较好的一致性,二者相关系数为 0.853,通过了 99.9% 的信度检验。回归值对实测值方差的解释达到了 0.73,即多元回归的 O_3-8h 浓度逐月变化可以解释 73% 的观测得到的 O_3-8h 浓度的逐月变化。只考虑前体物的回归 O_3-8h 浓度与观测得到的 O_3-8h 浓度相关系数为 0.529,解释的方差为 0.28;而只考虑气象因子的回归 O_3-8h 浓度与观测得到的 O_3-8h 浓度相关系数为 0.815,解释的方差为 0.66,表明气象因子的作用对海南岛 O_3-8h 浓度的变化相比于前体物更为重要,其中影响海南岛 O_3-8h 浓度的主控气象因子是降水(P)、气压(P_r)和相对湿度(RH)。

(4)O_3-8h 浓度日值的回归分析表明,前体物和气象因子回归的 O_3-8h 浓度与观测得到的 O_3-8h 浓度基本一致。二者的相关系数为 0.686,通过了 99.9% 的信度检验。回归值对实测值方差的解释达到了 0.471,即多元回归的 O_3-8h 浓度逐日变化可以解释 47% 的观测得到的 O_3-8h 浓度的逐日变化。影响海南岛 O_3-8h 浓度的主控气象因子分别是相对湿度(RH)、气压(P_r)和太阳总辐射(T_r)。O_3-8h 浓度日值与 7 种气象因子的回归系数从大到小排列为:相对湿度>气压>太阳总辐射>10 m 平均风速>降水量>平均气温>日照时数,也表明在不同时间尺度上,O_3-8h 浓度的影响因子重要程度也不同。

(5)海口市平均气温在 18~28 ℃,相对湿度位于 65%~80%,太阳总辐射在 6~23 $MJ\cdot m^{-2}$,日照时数位于 4~10 $h\cdot d^{-1}$,受 4~6 $m\cdot s^{-1}$ 的东北风影响时,O_3-8h 浓度容易超标。各个站

点 O_3-8h 浓度的主控因子是气象要素,其中 10 m 平均风速、相对湿度和气压的影响最大。

(6)三亚市平均气温在 15～25 ℃,相对湿度位于 65％～80％时,太阳总辐射在 14～24 MJ·m⁻²,日照时数位于 6～10 h·d⁻¹时,受 6～12 m·s⁻¹的东北风影响时,O_3-8h 浓度会出现超标。两个站点 O_3-8h 浓度的主控因子主要是 10 m 平均风速、相对湿度、日照时数和平均气温。

(7)2019 年秋季三亚市出现了一次罕见的 O_3 污染过程,11 月 4 日和 5 日 O_3-8h 分别为 162 μg·m⁻³ 和 180 μg·m⁻³,超标百分比分别为 101.25％和 112.50％,5 日 O_3-1h 浓度达到了 203 μg·m⁻³,超过了国家二级标准,超标百分比为 101.50％,其余大气污染物浓度均没有超标。从日变化上看,14:00—19:00 是 O_3 浓度高值时段,气温偏高,相对湿度偏小,风速偏弱等气象条件的出现推动了此次 O_3 污染过程的发生。

(8)天气形势特征分析表明,我国中高纬地区槽脊变化较大,引导低层冷空气扩散南下。低空风场逆时针旋转为东北风,海平面等压线密集程度加强,有利于污染气团向三亚市输送。影响气流后向轨迹分析也表明,清洁时段的影响气流主要来自西太平洋海面,没有明显的外来污染输送;污染时段的影响气流主要来自我国内陆地区,经过广东省珠三角地区到达三亚市。

(9)物理量场分析表明,污染时段低层风场绕山辐合效应对此次污染事件贡献较大,4 日和 5 日三亚市均处在气流辐合中心,而且气流辐合的高度主要在 900 hPa 以下,4 日 15:00 和 5 日 15:00 附近均出现较强的辐合区,其中心值分别达到了 $-9 \times 10^{-5} s^{-1}$ 和 $-12 \times 10^{-5} s^{-1}$,同时该时段 10 m 平均风速和垂直切变明显偏弱,其中 O_3 浓度与垂直切变的相关系数为 -0.802,通过了 99.9％的信度检验。

第 5 章　外源输送和城市发展对海南岛
臭氧浓度的影响

　　大气污染物浓度不仅受本地气象条件和前体物排放等因素共同影响,而且与污染物的区域传输密切相关(黎煜满 等,2022)。后向轨迹模型是研究污染区域外源输送的常用工具之一,相较于复杂的空气质量模型,后向轨迹模型更容易掌握,气流轨迹以线条的形式展示,结果更为直观(Wang et al.,2006)。周学思等(2019)利用后向轨迹模型研究了珠海市 O_3 污染潜在贡献源区,发现广东中东部的东莞、广州增城、河源及以北地区为主要贡献源区。谢放尖等(2021)分析了 2017 年影响南京城区的气团后向轨迹,结果表明来自东南与东南偏南方向的两类气团出现频率最高,且对应的南京城区 O_3 浓度较高。赵德龙等(2021)利用后向轨迹模型对新冠肺炎疫情期间北京市两次重霾污染的潜在贡献源区进行分析,发现过程 1 以局地污染为主,过程 2 以局地污染和外来输送为主。李婷苑等(2023)对比分析了 2022 年广东省一次 O_3 污染过程,结果表明 O_3 存在水平输送和高空地面混合现象,且污染过程受本地排放影响较大。李锦超等(2023)基于后向轨迹模型探讨了河西走廊 O_3 的传输路径和潜在来源,发现该地区各个季节 O_3 输送路径均以西部和西北部为主,春季、夏季和秋季的 O_3 潜在源高值区域均分布于白银市和兰州市等地,为东南风源,冬季高值区分布于巴丹吉林沙漠和腾格里沙漠之间,为北风源。海南岛冬季盛行偏北气流,在冬季风的影响下,外来污染物更容易输送至海南岛,加上海南岛纬度较低,气温、太阳辐射等气象条件更有利于光化学反应的发生(符传博 等,2021c),进而更有利于大气污染物浓度的升高。此外,O_3 作为大气污染物,其浓度的变化除了与降水量、气温、相对湿度、风向、风速等气象条件息息相关外,也与城市发展状况密切相关。

　　本章分别以海口市和三亚市为代表,利用后向轨迹模型(HYSPLIT)、潜在源贡献因子分析(PSCF)和浓度权重轨迹分析(CWT)方法,系统分析海南岛季节性区域传输特征和 O_3 污染的潜在贡献源区,同时基于 2016—2021 年《海南统计年鉴》,选取了生产总值、人口数量、能源消耗总量、民用汽车拥有量、单位生产总值能耗、城市绿地面积 6 项指标作为海南岛社会经济发展指标,这些指标基本上代表了海南岛的经济发展规模、污染物排放、环保政策投入以及科技发展进步等,通过分析这些指标探讨海南岛社会经济发展指标对 O_3 浓度的影响。分析结果对制定海南岛 O_3 污染防治政策和预报预测等有很好的科学依据。

5.1　资料与方法

5.1.1　研究资料

　　本章选取的资料包括 2013—2020 年海口市 4 个环境监测国控站、2014—2020 年三亚市 2

个环境监测国控站逐时 O_3 浓度资料。HYSPLIT 模型中输入的气象资料是全球资料同化系统(GDAS)气象数据,分辨率为 $1° \times 1°$。2015—2020 年海南统计年鉴下载自海南省大数据管理局网站(https://www.hainan.gov.cn/hainan/tjnj/list3.shtml)。

5.1.2 研究方法

(1)HYSPLIT 及聚类分析

HYSPLIT 是由美国国家海洋和大气管理局(NOAA)与空气资源实验室(ARL)联合研发的一种用于计算和分析大气污染物输送、扩散轨迹的专业模型(符传博 等,2020d)。该模型具有处理多种气象要素输入场、多种物理过程和不同类型污染物排放源功能的较为完整的输送、扩散和沉降模式,已经被广泛地应用于环境大气污染输送的研究中(Wang et al.,2010;Wang et al.,2011)。HYSPLIT 所用数据主要来源于美国国家环境预报中心(NCEP)的GDAS,数据齐全并不断更新,准确度也相对提高,可以在线或单机使用。本研究采用其最新版本(版本号为 4.9)来分析海南岛大气污染物的源地问题。聚类分析是一种多元统计技术,并且广泛应用于空气污染研究中。该方法主要是对大量数据进行分类,根据气团移动速度和方向对大量轨迹进行分组,并得出不同的输送轨迹组,从而估计大气污染物的潜在源区(石春娥 等,2008)。分类的原则是组内各轨迹之间差异极小,而组间差异极大(Dorling et al.,1992)。

(2)潜在源贡献因子算法

潜在源贡献因子算法(PSCF)又被称为滞留时间分析法(Ferhak et al.,2009),是一种基于气流轨迹来判断某一地区可能污染源的识别方法。该研究将影响海南岛气流轨迹所覆盖的区域($90°—130°E$、$5°—40°N$)进行网格化,分成 $0.5° \times 0.5°$ 的水平网格(i,j),计算所有气流轨迹经过某一网格的点数(n_{ij})和污染时段的气流轨迹经过该网格的点数(m_{ij}),两者的比值表示为

$$R_{ij} = m_{ij}/n_{ij} \tag{5.1}$$

如果 R 表示超过阈值浓度的轨迹与所有轨迹数的比值,那么,R_{ij} 表示网格点(i,j)的 R 值。R 越大,则表示该区域对海南岛 O_3-8h 浓度超标的贡献越大。R 表示的是一种条件概率,前人的研究多引入 W_{ij} 来降低由于单个网格内气流停留时间较短而引起 R 的波动。W_{ij} 规定如下:

$$W_{ij} = \begin{cases} 1.00 & n_{ij} > 80 \\ 0.70 & 20 < n_{ij} \leqslant 80 \\ 0.42 & 10 < n_{ij} \leqslant 20 \\ 0.05 & n_{ij} \leqslant 10 \end{cases} \tag{5.2}$$

因此,加入权重后的 R 可表示为

$$E_{ij} = W_{ij} \times R_{ij} \tag{5.3}$$

如果 E 表示加入权重后的 R 值,则 E_{ij} 表示网格点(i,j)加入权重后的 R 值。

(3)权重轨迹分析法

进一步利用权重轨迹分析法(CWT)来计算气流轨迹的污染权重浓度,该方法可以区分相同 R 时对受点 O_3-8h 浓度大小的贡献,即网格内 O_3-8h 浓度高出阈值的程度(李莉 等,2015),计算公式:

$$C_{ij} = \frac{\sum\limits_{l=1}^{M} C_l \cdot \tau_{ijl}}{\sum\limits_{l=1}^{M} \tau_{ijl}} W(n_{ij}) \tag{5.4}$$

式中,如果 C 表示染污权重指数,即表示对受点浓度贡献大小,则 C_{ij} 为网格 (i,j) 的污染权重指数,l 为第 l 条轨迹,M 为与网格 (i,j) 相交的轨迹总数,C_l 为轨迹 l 与网格 (i,j) 相交时受点的 O_3-8h 浓度,τ_{ijl} 为轨迹 l 在网格 (i,j) 的停留时间。该研究采用与 PSCF 相同的权重函数 $W(n_{ij})$。

加入权重后的 C 可表示为

$$F_{ij} = C_{ij} \times W_{ij} \tag{5.5}$$

如果用 F 表示加入权重后的 C 值,则 F_{ij} 表示网格点 (i,j) 加入权重后的 C 值。

5.2　结果与分析

5.2.1　海口市不同季节影响气流后向轨迹

本节选取了海口市($20.0°N$、$110.25°E$)作为起始点,模拟高度设置为 $500\ m$,利用 $1° \times 1°$ 分辨率的全球资料同化系统气象数据,计算每日 $20:00$(北京时)$72\ h$ 影响气流后向轨迹,并对 $2013—2020$ 年每个季节气流轨迹进行了聚类分析,结果如图 5.1 所示。同时统计了每个轨迹的占比、对应的 O_3-8h 浓度、超标率及超标时段 O_3-8h 浓度(表 5.1)。

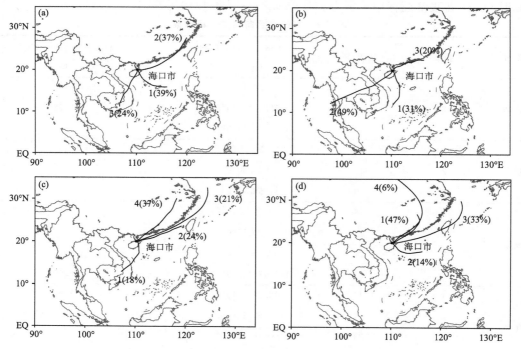

图 5.1　海口市 $500\ m$ 高度 $72\ h$ 气团后向轨迹的季节性变化

(a)春季,(b)夏季,(c)秋季,(d)冬季春季海口市主要受东南、东北和南到西南方向的气流影响,其中轨迹 1(39%)来自南海中部,经西沙群岛到达海口市。轨迹 2(37%)从浙江南部,沿着我国东南沿海到达海口市,属于沿海中短距离气流。轨迹 3(24%)从中南半岛向偏北方向影响海口市。夏季影响海口市的气流有正南、西南和东北方向,轨迹 1(31%)来自南海中西部,向北到达海口市。轨迹 2(49%)来自孟加拉湾,经过中南半岛到达海口市。轨迹 3(20%)距离偏短,主要来自广东东部沿海,沿着海岸线到达海口市。秋季影响海口市的气流以东北方向为主,其次是西南偏南方向。轨迹 1(18%)来自中南半岛南部,向北到达海口市。轨迹 2(24%)起点在台湾海峡,沿着东南沿海到达海口市,距离较短,风速较慢,属于沿海气流。轨迹 3(21%)从长江三角洲,经过东南沿海到达海口市,距离较长,风速偏快,属于沿海长距离气流。轨迹 4(37%)来自安徽南部,途经江西和福建交界,从广东中部穿过,到达海口市,属于内陆中短距离气流。冬季影响气流以东北方向为主,其次是偏东方向。轨迹 1(47%)从江西南部,经广东到达海口市,距离较短,风速较慢,属于内陆短距离气流。轨迹 2(14%)来自海南岛以东海面,向西流动,到达海口市。轨迹 3(33%)从长江三角洲以东海面,穿过台湾,到达海口市,属于沿海气流。轨迹 4(6%)来自河南北部,途经湖北、江西和广东到达海口市,距离较长,风速较大,属于内陆气流。

对比来看,海口市 O_3 污染多发生在秋季,冬季和春季偶尔发生,这和前面的分析一致。从不同季节上看,春季只有轨迹 2 气流影响下,海口市 O_3-8h 浓度出现超标,超标时 O_3-8h 浓度和超标率分别为 162.72 $\mu g \cdot m^{-3}$ 和 1.49%。夏季 3 只轨迹影响下的海口市 O_3-8h 浓度总体偏低,O_3-8h 浓度均在 60 $\mu g \cdot m^{-3}$ 以下。秋季在轨迹 3 和轨迹 4 影响下海口市 O_3-8h 浓度容易出现超标,超标时 O_3-8h 浓度分别为 169.70 $\mu g \cdot m^{-3}$(轨迹 3)和 176.00 $\mu g \cdot m^{-3}$(轨迹 4),超标率分别为 3.85% 和 14.29%。冬季只有轨迹 1 气流影响下,海口市 O_3-8h 浓度出现超标,超标时 O_3-8h 浓度和超标率分别为 177.95 $\mu g \cdot m^{-3}$ 和 1.19%。

表 5.1　海口市后向轨迹分析结果

季节	轨迹编号	比例/%	O_3-8h 浓度(超标率)/ ($\mu g \cdot m^{-3}$)	超标时段 O_3-8h 浓度/ ($\mu g \cdot m^{-3}$)
春季	1	39	56.10(0%)	—
	2	37	76.31(1.49%)	162.72
	3	24	66.11(0%)	—
夏季	1	31	50.50(0%)	—
	2	49	56.60(0%)	—
	3	20	58.14(0%)	—
秋季	1	18	53.33(0%)	—
	2	24	60.19(0%)	—
	3	21	87.88(3.85%)	169.70
	4	37	113.47(14.29%)	176.00
冬季	1	47	85.23(1.19%)	177.95
	2	14	52.25(0%)	—
	3	33	76.08(0%)	—
	4	6	97.60(0%)	—

5.2.2　三亚市不同季节影响气流后向轨迹

本节进一步选取了三亚市($18.23°$N、$109.59°$E)作为起始点,模拟高度设置为 500 m,利用 $1°×1°$分辨率的全球资料同化系统气象数据,计算每日 20:00(北京时)72 h 影响气流后向轨迹,并对 2014—2020 年每个季节气流轨迹进行了聚类分析,结果如图 5.2 所示。同时统计了每个轨迹的占比、对应的 O_3-8h 浓度、超标率及超标时段 O_3-8h 浓度(表 5.2)。

从影响气流上看,春季三亚市主要受东北、东到东南和西南方向的气流影响,其中轨迹 1 占比最大,为 50%,轨迹 2 占比只为 22%,从浙江南部,沿着福建和广东近海到达三亚市,属于中短距离气流。轨迹 3(28%)从中南半岛南部向东北方向到达三亚市。夏季影响三亚市的气流有正南、西南和东北方向,占比分别为 34%(轨迹 1)、52%(轨迹 2)和 14%(轨迹 3)。秋季是影响三亚市气流个数最多的季节,共有 5 支,以东北方向为主,其中轨迹 3(23%)和轨迹 4(27%)分别是来自内陆和沿海的东北气流,轨迹 3 从江西东部,途经广东珠三角地区到达三亚市。轨迹 4 源自长三角地区移动洋面,沿着我国东南沿海到达三亚市。冬季三亚市主要受东北气流和东到东南气流影响。

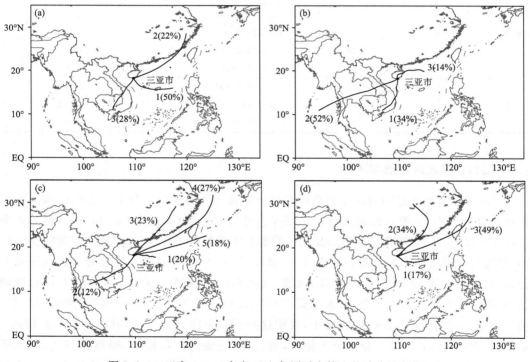

图 5.2　三亚市 500 m 高度 72 h 气团后向轨迹的季节性变化

(a)春季,(b)夏季,(c)秋季,(d)冬季

从不同气流对应的污染物浓度上看(表 5.2),三亚市 O_3-8h 浓度超标主要发生在秋季和冬季,春季偶尔发生,这和前面的分析一致。春季轨迹 2 占比为 22%,会造成三亚市 O_3-8h 浓度超标,超标率和超标时段 O_3-8h 浓度分别为 1.44% 和 171.50 $\mu g \cdot m^{-3}$。夏季 3 只轨迹影响期间均未造成三亚市 O_3-8h 浓度超标,O_3-8h 浓度均低于 57 $\mu g \cdot m^{-3}$。秋季造成三亚市 O_3-8h浓度超标的气流只有轨迹 3(23%)和轨迹 4(27%),分别是来自内陆和沿海的东北气流,

轨迹 3 影响下三亚市超标率和超标时段 O_3-8h 浓度均是所有影响气流中最高的,分别为 13.61% 和 171.56 $\mu g \cdot m^{-3}$,轨迹 4 影响下三亚市超标率和超标时段 O_3-8h 浓度分别为 2.31% 和 171.02 $\mu g \cdot m^{-3}$。冬季轨迹 1(17%)和轨迹 2(34%)会引起三亚市 O_3-8h 浓度超标,O_3-8h 浓度超标率分别为 0.95% 和 2.76%,超标时段 O_3-8h 浓度分别为 167.95 $\mu g \cdot m^{-3}$ 和 165.84 $\mu g \cdot m^{-3}$。

表 5.2　三亚市后向轨迹分析结果

季节	轨迹编号	比例/%	O_3-8h 浓度(超标率)/($\mu g \cdot m^{-3}$)	超标时段 O_3-8h 浓度/($\mu g \cdot m^{-3}$)
春季	1	50	54.85(0%)	—
	2	22	93.44(1.44%)	171.50
	3	28	62.58(0%)	
夏季	1	34	47.24(0%)	
	2	52	56.53(0%)	
	3	14	55.36(0%)	
秋季	1	20	54.74(0%)	
	2	12	48.22(0%)	
	3	23	113.62(13.61%)	171.56
	4	27	82.03(2.31%)	171.02
	5	18	56.24(0%)	
冬季	1	17	63.40(0.95%)	167.95
	2	34	95.08(2.76%)	165.84
	3	49	78.88(0%)	—

5.2.3　海口市臭氧污染潜在源区

PSCF 可以给出超过阈值浓度的轨迹数与所有轨迹数的比值,CWT 可以给出该区域对受点浓度贡献的大小,一般认为两者重合区域是主要潜在源区(谢放尖 等,2021)。图 5.3 进一步给出了 2013—2020 年海口市 O_3-8h 浓度的潜在源贡献因子算法(PSCF)和权重轨迹分析法(CWT)加入权重后的结果分布。从图 5.3a 来看,海口市 O_3 潜在源区主要分布在我国东南部省份,E 大值区主要分布在江苏、浙江、福建、江西和广东,E 分布在 0.10~0.18,部分区域 E 超过 0.18。从 F(图 5.3b)上看,F 高值区(>90 $\mu g \cdot m^{-3}$)包括了江西、浙江、福建和广东,且高值区连成一片,范围比 E 高值区略小,表明这些区域是海口市 O_3 污染的主要贡献源区。F 次高值区(70~90 $\mu g \cdot m^{-3}$)分布范围偏大,有江苏、安徽、江西、浙江、福建、广东以及包括台湾在内的南海东北部。而 F 偏低的区域范围进一步加大,包括了中南半岛和南海中北部地区。总体而言,E 和 F 的高值区均不在海南岛上,主要集中在上游东北风向地区,结合前面的气流后向轨迹分析可知,江西、浙江、福建和广东是海口市 O_3 污染的主要贡献源区。这些区域是我国经济较为发达,污染相对严重的区域,有利风向控制下,经过这些高排放区域的气团携带大量的前体物,经光化学反应转化生成 O_3,对下风向区域影响较大,加之下风向区域气温和太阳辐射等气象条件更有利于提升光化学速率,因而 O_3 高值更容易出现在海口市。可见,在强化本地污染防控的基础上,加强与上游风向区域联防联控是有效控制海口市 O_3 污染的关键。目前定量的解释海口市本地与外源污染贡献评估还有待于进一步研究。

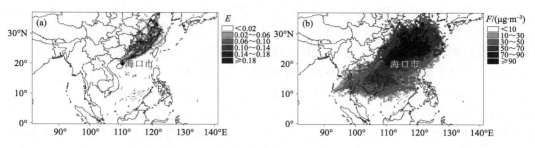

图 5.3　2013—2020 年海口市 O_3-8h 浓度的 PSCF(a) 和 CWT(b) 两种方法加入权重后结果分布

5.2.4　三亚市臭氧污染潜在源区

进一步分析了 2014—2020 年三亚市 O_3-8h 浓度 PSCF 和 CWT 加入权重后的结果分布，如图 5.4 所示。从 E 分布来看(图 5.4a)，三亚市 O_3 潜在源区与海口市一致，主要为我国东南部省份，包括浙江、安徽、江西、福建、广东和湖南东部地区。其中 E 大值区($\geqslant 0.09$)分布在江西、福建和广东，部分地区 E 超过 0.15。从 F 分布上看(图 5.4b)，F 大值区($\geqslant 90~\mu g \cdot m^{-3}$)分布在福建、广东、江西南部，以及海南岛东北部地区，且大值区连成一片，范围比 E 大值区略小。次高值区($70 \sim 90~\mu g \cdot m^{-3}$)分布范围偏大，包括了浙江、江西、福建、广东和台湾，以及南海东北部。总体而言，E 和 F 大值区重合度较好，主要为福建、江西和广东地区。结合前面后向轨迹分析结果可推测，这些省份是三亚市 O_3 污染的主要贡献源区。这些区域经济较为发达，污染相对严重，在有利风向控制下，气流经过高污染区域携带大量 O_3 及其前体物输送至三亚市，加上三亚市本地气象条件更有利于促进光化学过程，致使 O_3 浓度上升(符传博 等，2022c)。

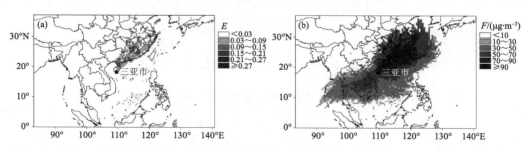

图 5.4　2014—2020 年三亚市 O_3-8h 浓度的 PSCF(a) 和 CWT(b) 两种方法加入权重后的结果分布

5.2.5　外源输送对 2019 年秋季海南岛 4 次臭氧污染的影响

5.2.5.1　2019 年秋季海南岛 4 次臭氧污染过程概况

图 5.5 给出了 2019 年秋季海南岛平均的 O_3-8h 浓度和超标市(县)个数逐日变化。从超标市(县)个数上看，海南岛市(县)O_3-8h 浓度超标主要发生在 9 月 21—30 日、10 月 18—21 日、11 月 3—11 日和 11 月 20—25 日，而其余时段各个市(县)的 O_3-8h 浓度没有超标，同时考虑到 O_3 污染发生的持续性，因此，本书定义 9 月 21—30 日为过程 1，10 月 18—21 日为过程 2，11 月 3—11 日为过程 3，11 月 20—25 日为过程 4。对比而言，过程 1 和过程 3 的 O_3 污染程度、

污染范围和持续时间都相对严重(表 5.3),过程 1 和过程 3 分别持续了 10 d 和 9 d,污染时段全岛 O_3-8h 浓度平均值分别达到了 145.52 $\mu g \cdot m^{-3}$ 和 143.55 $\mu g \cdot m^{-3}$。过程 1 中单日超标市(县)最大个数为 11 个,分别出现在 9 月 28 日和 9 月 29 日,过程 3 单日超标市(县)最大个数为 10 个,出现在 11 月 5 日。过程 1 和过程 3 分别平均每天有 6 个和 5.44 个市(县)O_3-8h 浓度超标。过程 2 和过程 4 的 O_3 污染相对轻,持续时间分别为 4 d 和 6 d,分别出现在 10 月 18—21 日和 11 月 20—25 日,污染时段 O_3-8h 浓度分别为 130.79 $\mu g \cdot m^{-3}$ 和 115.46 $\mu g \cdot m^{-3}$。单日超标市(县)最大个数分别为 7 个(过程 2)和 9 个(过程 4),出现日期为 10 月 19 日和 11 月 22 日,每天 O_3-8h 浓度平均值超标市(县)数均少于 3 个。从污染时段 O_3-8h 浓度大小来看:过程 1>过程 3>过程 2>过程 4。从污染持续时间长短来看:过程 1>过程 3>过程 4>过程 2。从污染时段单日平均超标市(县)个数上看:过程 1>过程 3>过程 2>过程 4。

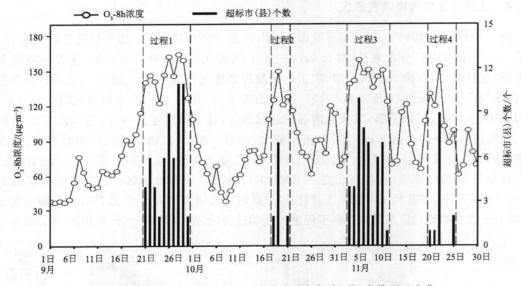

图 5.5　2019 年秋季海南岛 O_3-8h 浓度和超标市(县)个数逐日变化

表 5.3　4 次臭氧污染过程对比分析

项目	污染时段	持续时间/d	污染时段 O_3-8h 浓度/ ($\mu g \cdot m^{-3}$)	污染时段单日平均超标市(县)个数/个	污染时段单日超标市(县)最大个数/个	污染时段单日最大超标市(县)对应日期
过程 1	9 月 21—30 日	10	145.52	6.00	11	9 月 28 日 9 月 29 日
过程 2	10 月 18—21 日	4	130.79	2.75	7	10 月 19 日
过程 3	11 月 3—11 日	9	143.55	5.44	10	11 月 5 日
过程 4	11 月 20—25 日	6	115.46	2.17	9	11 月 22 日

　　图 5.6 进一步给出了 4 次污染过程期间平均 O_3-8h 浓度空间分布。从中可以发现,过程 1 中各个市(县)O_3-8h 浓度整体偏高,除了西部的东方市(104.5 $\mu g \cdot m^{-3}$)外,其余市(县)主要分布在 125~170 $\mu g \cdot m^{-3}$。其中超过 160 $\mu g \cdot m^{-3}$(国家二级标准限值)的市(县)共有 7

个,分别是位于北部的澄迈县和定安县,东部的文昌市和万宁市,西部的昌江县,以及南部的保亭县和三亚市,其中最高值出现在三亚市,为 169.5 $\mu g \cdot m^{-3}$。过程 1 期间 O_3-8h 浓度超标的市(县)达到了 12 个,超标市(县)的分布与污染期间 O_3-8h 浓度的分布基本一致。过程 2 期间各个市(县)O_3-8h 浓度相对偏低,东方市 O_3-8h 浓度只有 83.9 $\mu g \cdot m^{-3}$,其余市(县)分布在 $100 \sim$ 170 $\mu g \cdot m^{-3}$,其中中部的琼中县和南部的三亚市超过了 160 $\mu g \cdot m^{-3}$。过程 2 期间 O_3-8h 浓度超标的市(县)只为 7 个,分别是北部的定安县,东部的文昌市和万宁市,南部的陵水县和三亚市,以及西部的昌江县。与过程 1 类似,过程 3 期间各个市(县)的 O_3-8h 浓度也较为偏高,大部分市(县)O_3-8h 浓度分布在 $119 \sim 171$ $\mu g \cdot m^{-3}$,其中超过 160 $\mu g \cdot m^{-3}$ 的市(县)达到了 6 个,最高值出现在中部的琼中县,为 170.2 $\mu g \cdot m^{-3}$。过程 3 期间各个市(县)的 O_3-8h 浓度的最低值出现在西部的东方市,为 97.9 $\mu g \cdot m^{-3}$。过程 3 期间 O_3-8h 浓度超标的市(县)达到了 11 个,与过程 1 不同的是西部市(县)污染并不严重,而中部的琼中县 O_3-8h 浓度明显偏高。过程 4 期间各个市(县)O_3-8h 浓度也相对偏低,东方市 O_3-8h 浓度只为 75.0 $\mu g \cdot m^{-3}$,是 4 次过程中的最低值,其余市(县)分布在$87 \sim 150$ $\mu g \cdot m^{-3}$。过程 4 期间 O_3-8h 浓度超标的市(县)为 9 个,主要分布在北部、中部和南部地区。总的来看,4 次污染过程中北部和南部的大部分市(县)O_3-8h 浓度偏高,其中 4 次过程中 O_3-8h 浓度均超标的市(县)有北部的定安县,东部的文昌市,以及南部的保亭县和三亚市,其内在原因还有待于进一步分析。

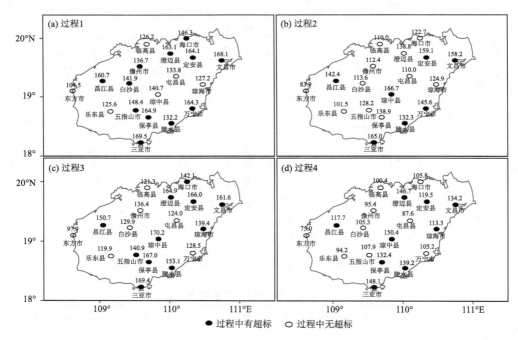

图 5.6　4 次污染过程中 O_3-8h 浓度平均值空间分布(单位:$\mu g \cdot m^{-3}$)

5.2.5.2　近地面气象条件和前体物浓度变化

图 5.7 为 2019 年秋季气象因子和 NO_2 浓度的逐日变化。从气压和日降水量上看(图 5.7a),O_3 污染时段海南岛气压均有所偏高,同时没有明显降水天气发生。4 次污染过程气压值分别为 1000.97 hPa、1001.48 hPa、999.91 hPa 和 1003.11 hPa(表 5.4),均偏高于秋季平均值

(999.01 hPa),而污染时段日降水量均不高于 1.21 mm,也明显偏低于秋季平均值(5.13 mm)。一般而言,降水偏大时一方面雨水的冲刷作用会降低大气污染物浓度;另一方面会提高大气中的水汽含量,抑制光化学反应速率(徐琨 等,2018),进而降低臭氧浓度。从平均气温和相对湿度上看(图 5.7 b),污染时段平均气温略低于污染前期和后期的平均气温,同时相对湿度有所下降。4 次污染过程平均气温均在 22 ℃以上,相对湿度均不高于 78.99%。对比而言,污染更为严重的过程 1 和过程 3 相对湿度仅分别为 74.12%和 74.73%,远远低于秋季平均值(80.48%)。从平均风速和日照时数上看(图 5.7 c),O_3 污染时段海南岛平均风速有较大变化,如过程 1 时段平均风速低于秋季平均值(1.94 m·s^{-1}),但同为污染较为严重的过程 3 平均风速高于秋季平均值,同时污染较轻的过程 2 和过程 4 接近于秋季平均值。O_3 污染时段日照时数总体偏高,除了过程 2 以外,过程 1、过程 3 和过程 4 日照时数均高于秋季平均值(5.96 h·d^{-1}),特别是过程 1,日照时数达到了 7.89 h·d^{-1},远远大于秋季平均值。从太阳总辐射和 NO_2 浓度上看(图 5.7 d),过程 1 太阳总辐射高达 19.79 MJ·m^{-2},明显高于秋季平均值(15.80 MJ·m^{-2}),而其余污染过程太阳总辐射接近于秋季平均值。4 个过程中 NO_2 浓度均高于秋季平均值(7.73 μg·m^{-3}),其中过程 3 的 NO_2 浓度高达 10.27 μg·m^{-3}。太阳总辐射

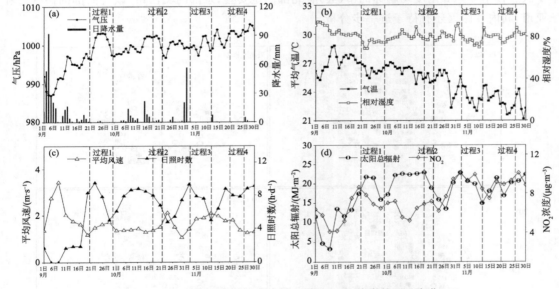

图 5.7 2019 年秋季海南岛气象要素和 NO_2 浓度的逐日变化

表 5.4 4 次臭氧污染过程中气象要素对比分析

时段	O_3-8h 浓度/ (μg·m^{-3})	气压/ hPa	降水量/ mm	平均气温/ ℃	相对湿度/ %	平均风速/ (m·s^{-1})	日照时数/ (h·d^{-1})	太阳总辐射/ (MJ·m^{-2})	NO_2浓度/ (μg·m^{-3})
过程 1	200.26	1000.97	0.33	26.20	74.12	1.66	7.89	19.79	9.16
过程 2	130.79	1001.48	1.21	25.36	78.99	1.98	5.67	15.48	7.86
过程 3	204.36	999.91	0.01	23.24	74.73	2.13	6.05	15.51	10.27
过程 4	115.46	1003.11	0.03	22.25	77.84	1.93	6.95	15.88	9.75
秋季	94.15	999.01	5.13	25.26	80.48	1.94	5.96	15.80	7.73

作为影响光化学反应较为重要的因子之一,其值越大,越能提升光化学反应的速率(张瑞欣等,2021;汪宏宇 等,2020);而 NO_2 是 O_3 的主要前体物之一,其浓度越高,O_3-8h 浓度上升,反之其值越小,O_3-8h 浓度越低(孙晓艳 等,2022;韩丽 等,2021)。表 5.5 进一步给出了 O_3-8h浓度与气象要素和 NO_2 浓度的相关系数,其中 O_3-8h 浓度与气压、降水量、平均气温、相对湿度和 NO_2 浓度的相关系数均通过了 99% 信度检验,与日照时数和太阳总辐射的相关系数分别通过了 95% 和 90% 的信度检验,而平均风速没有通过信度检验。

表 5.5　2019 年秋季 O_3-8h 浓度与气象要素和 NO_2 浓度的相关系数

	气压	降水量	平均气温	相对湿度	平均风速	日照时数	太阳总辐射	NO_2 浓度
O_3-8h 浓度	0.497***	−0.407***	−0.365***	−0.752***	0.019	0.247**	0.177*	0.764***

*** 表示通过 99% 的信度检验,** 表示通过 95% 的信度检验,* 表示通过 90% 的信度检验。

　　为了分析不同风向、风速对海南岛 O_3-8h 浓度的影响,图 5.8 给出了海南岛南北两个城市(海口市和三亚市)不同风向、风速变化及其 O_3-8h 浓度的风玫瑰图。可以看出,两个城市 O_3-8h 浓度高值出现时风向基本一致,主要为东北风和西北风,而风速略有不同。东北风影响时,海口市 O_3-8h 浓度超过 140 $\mu g \cdot m^{-3}$ 的风速主要集中在 2~6 $m \cdot s^{-1}$,而三亚市集中在6~10 $m \cdot s^{-1}$,这可能与海南岛地形和三亚市的地理位置有关(符传博 等,2022c)。海口市位于海南岛北端,在东北风场控制下,较低的风速就能携带北方大气污染物影响海口市;而三亚市位于海南岛南端,加上五指山山脉的阻挡,外来污染物要输送至三亚市则需要更大的风速。总体而言,在东北风和西北风控制下有利于海南岛 O_3-8h 浓度上升,而不同风速可能会造成海南岛 O_3-8h 浓度高值区不同,偏低的风速有利于北半部市(县)O_3-8h 浓度升高,偏高的风速则有利于南半部市(县)O_3-8h 浓度升高。

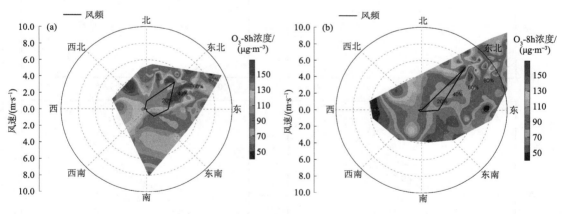

图 5.8　海口市和三亚市 2019 年秋季风向、风速与 O_3-8h 浓度的关系(另见彩图)
(a)海口市,(b) 三亚市

5.2.5.3　后向轨迹分析

　　结合前面的分析可知,O_3 及其前体物的区域传输对海南岛 2019 年秋季 4 次 O_3 污染过程有明显影响。因此,本书采用 HYSPPLIT,深入探究上游区域输送对海南岛 4 次 O_3 污染的影响。大量数据模拟研究表明(李莉莉 等,2020;聂赛赛 等,2021),大气污染物的跨区域输送主要集中在 500~1500 m 高度范围内,500 m 风场既可以反映近地层的气团输送特征,又可以减少地面摩擦对气团的影响,因此,选用 500 m 高度处气流作为研究高度,以海口市(20.00°N、110.15°E)为受体点,模拟了 4 次 O_3 污染时段中每日 20:00 海口市的 72 h 后向轨迹如图 5.9 所示。对于过程 1 而言(图 5.9a),有 5 条气流轨迹从江苏省北部,途径安徽省、浙江省、江西省、福建省和广东省,到达海南岛,属于长距离气流,移动速度较快。剩余 5 条气流轨迹起始于江西省和福建省交界,经过广东省到达海南岛,属于短距离气流,移动速度较慢。过程 2 的影响气流主要从长江三角洲地区(图 5.9b),途径我国东南沿海地区到达海南岛,属于中长距离气流。过程 3 的影响气流输送距离相对较短,也属于中长距离气流,主要起始于江西省北部和浙江省东部等地,经过福建省和广东省到达海南岛。过程 4 的影响气流起始位置较为分散,主要位于广西壮族自治区东部、福建省西部、安徽省南部和江苏省南部等地,途径我国东南沿海到达海南岛。对比而言,过程 1 和过程 3 的影响气流发散度较大,有分布于内陆地区的气流和分布于东南沿海地区的气流两支,其中来自内陆地区的气流所经过区域大气污染物浓度更高,这也是过程 1 和过程 3 期间海南岛 O_3 污染程度更为严重的原因之一。而过程 2 和过程 4 的影响气流较为集中,多为东南沿海气流,气流经过区域大气污染物浓度相对较小,过程 2 和过程 4 的 O_3 污染程度较轻。

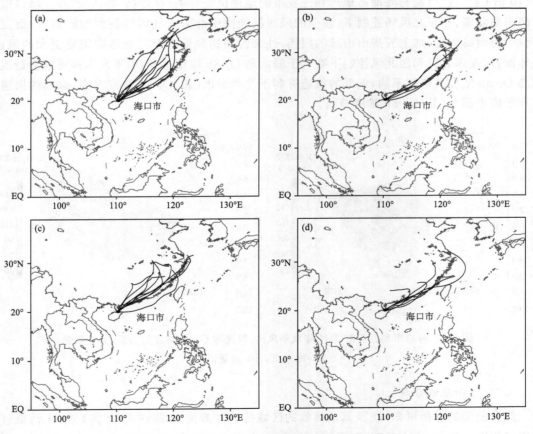

图 5.9 海口市 500 m 高度影响气团 72 h 后向轨迹
(a)过程 1,(b)过程 2,(c)过程 3,(d)过程 4

5.2.5.4 潜在贡献源区

PSCF 方法表明污染轨迹通过某一区域的概率，其值是指超过阈值浓度轨迹与所有轨迹数的比值，CWT 方法能给出该区域对受体点的浓度贡献大小，两者重合区域为受体点 O_3 污染最主要的潜在贡献源区（赵德龙 等，2021；王妘涛 等，2022）。图 5.10 给出了 2019 年秋季海口市后向轨迹的潜在源贡献因子算法（WPSCF）和权重轨迹分析法（WCWT）结果。从 WPSCF 上看，潜在贡献源区主要集中在浙江省、江西省、福建省和广东省等地，这与后向轨迹分析基本一致。WPSCF 高值区（>0.2）主要集中在江西省南部、福建省和广东省，其中珠三角地区和广东省西部 WPSCF 值大于 0.36，表明这些区域对海南岛秋季 O_3 污染贡献较大。从 WCWT 上看，WCWT 高值区（>70 $\mu g \cdot m^{-3}$）主要分布在浙江省南部、江西省南部、福建省、广东省以及台湾海峡至海南岛东部海域，其中珠三角地区和广东省西部 WCWT 值高达 90 $\mu g \cdot m^{-3}$，对海南岛 O_3 污染输送更为明显。总的来说，WPSCF 和 WCWT 分析得到的结果较为一致，大值区均分布在浙江省、江西省、福建省和广东省等地，这些区域也是 2019 年秋季海南岛 O_3 污染外源输送的主要贡献源区（符传博 等，2020d）。

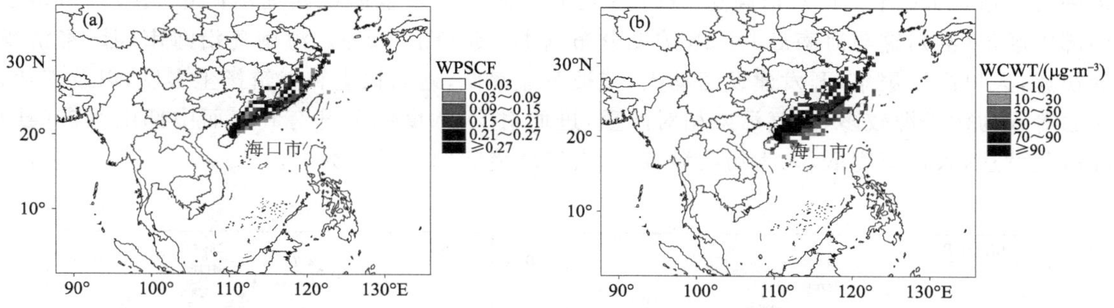

图 5.10 2019 年秋季海口市 O_3-8h 浓度的 WPSCF(a)和 WCWT(b)分析

5.2.6 海南岛社会经济发展因素及相关性

从表 5.6 中可以看出，近 6 年来海南岛经济发展迅速，2015 年生产总值只有 3734.19 亿元，2020 年达到了 5532.39 亿元，增长了约 48.16%，是近几年我国经济发展较为快速的省份之一（尹向飞，2021）。海南岛人口数量也有长足的增长，2020 年常住人口数量已经超过 1000 万，达到了 1012.34 万，同时伴随着能源消耗总量和民用汽车拥有量的激增，2020 年能源消耗总量和民用汽车拥有量分别为 2270.64 万 t 标准煤和 150.06 万辆。单位生产总值能耗能间接反映政府各项节能政策措施所取得的效果。单位生产总值能耗越低，表明节能政策措施的效果越好。2015—2020 年海南岛单位生产总值能耗上看，海南岛单位生产总值能耗有明显的下降趋势，2020 年只为 0.457，为近 6 年最低值。此外，城市绿地面积 2015—2017 年有所下降，2017 年之后缓慢回升，也体现了政府对环保投入的增加和市民环境保护意识的提高。

从相关性上看，O_3-8h 浓度与生产总值、人口数量、能源消耗总量和民用汽车拥有量呈负相关关系，与单位生产总值能耗和城市绿地面积呈正相关关系。由于样本数只有 6 年，相关系数均没有通过显著性检验。一般而言，经济发展较快，人口数量过多，能源消耗总量大，对空气质量的改善越不利，因此这些经济发展因素与 O_3 浓度会呈正相关关系，然而海南岛的负相关关系，可能是科技进步在大气污染物减排中的作用效果显著。随着社会经济的发展，科技进步也有很大提高,加上国家大力扶持企业转型,低能耗的科技成果应用有助于大气污染物减排。

表 5.6　2015—2020 年海南岛社会经济发展数据及与 O₃-8h 浓度相关性

	2015 年	2016 年	2017 年	2018 年	2019 年	2020 年	相关系数
生产总值/(亿元)	3734.19	4090.20	4497.54	4910.69	5330.84	5532.39	−0.391
人口数量/万	945.49	957.48	971.50	982.48	995.27	1012.34	−0.415
能源消耗总量/(万 t 标准煤)	1916.03	1983.67	2079.56	2170.23	2264.39	2270.64	−0.369
单位生产总值能耗/(吨标准煤·万元⁻¹)	0.513	0.494	0.484	0.478	0.471	0.457	0.571
民用汽车拥有量/(万辆)	83.82	96.75	113.56	127.19	137.49	150.06	−0.439
城市绿地面积/hm²	24740	23509	19913	21994	22927	22328	0.698

数据来源:2016—2021 年《海南统计年鉴》。

　　一般而言,经济越发达的市(县),工业化程度越高,其大气污染越严重(符传博 等,2015)。图 5.11 进一步给出了海南岛各个市(县)生产总值、人口数量、单位生产总值能耗和城市绿地面积分布。从中可知,海南岛沿海市(县)的生产总值基本偏大于中部山区的市(县),特别是北部的海口市,2020 年生产总值高达 1791.6 亿元。人口分布也体现四周沿海市(县)人口多于中部山区市(县),这与海南岛 O₃-8h 浓度分布基本一致(图 2.2a)。海南岛沿海市(县)经济发展快速,人口高度聚集,开发建设活动大,植被覆盖率低,地面扬尘和建筑扬尘多发,以及工业、交通等人为污染源较多,大气污染相对严重,进而对 O₃ 浓度的上升有利。而中部山区市(县)经济欠发达,人口密度低,人为污染源较少,大气环境问题相对不突出。

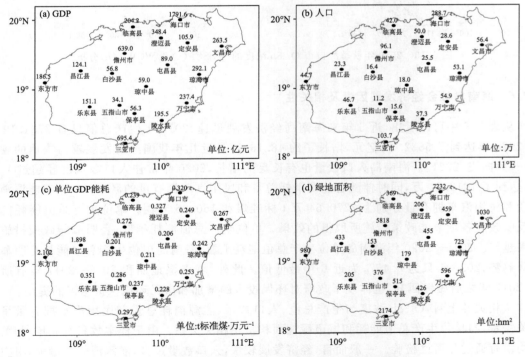

图 5.11　2020 年海南岛各个市(县)社会经济发展数据分布

5.2.7　海口市社会经济发展因素及相关性

海口市是海南岛的省会城市,其 O_3 污染相对较为严重。本节除了选取海口市生产总值、人口数量、民用汽车拥有量、单位生产总值能耗、城市绿地面积 5 项指标外,还增加了烟尘排放量、工业 SO_2 排放量、废气排放量和治理废气资金,共计 9 项指标。同时计算了 2013—2020 年海口市经济发展指标与 O_3-8h 浓度相关系数如表 5.7 所示。从表中可以发现,2013—2020 年海口市生产总值、人口数量、民用汽车拥有量都表现为快速的上升趋势,而单位生产总值能耗却稳定的下降,同时城市绿地面积和治理废气资金稳定增加,致使烟尘排放量、工业 SO_2 排放量和废气排放量都有不同程度的下降。海口市 O_3-8h 浓度与生产总值、人口数量、民用汽车拥有量和城市绿地面积呈负相关关系,与烟尘排放量、工业 SO_2 排放量和单位生产总值能耗呈正相关关系,与废气排放量相关性不大。其中烟尘排放量和工业 SO_2 排放量与 O_3-8h 浓度的正相关性和与城市绿地面积的负相关性表明随着科技的发展进步和环保政策投入增加,海口市大气污染物排放量稳定下降,能有效地抑制 O_3 浓度的增长。

表 5.7　2013—2020 年社海口市会经济发展数据及与 O_3-8h 浓度相关性

	2013 年	2014 年	2015 年	2016 年	2017 年	2018 年	2019 年	2020 年	相关系数
生产总值/(亿元)	989.49	1091.70	1143.19	1303.14	1421.17	1535.55	1678.87	1791.58	−0.351
人口数量/万	217.11	220.07	241.48	249.63	258.75	268.01	277.32	288.66	−0.378
烟尘排放量/t	1229.68	938.93	854.38	155.90	112.79	72.24	78.69	66.41	0.393
工业 SO_2 排放量/t	1797.84	1772.75	2517.37	593.48	501.82	323.95	74.58	475.06	0.140
废气排放量/（亿标 m^3）	49.95	64.33	78.02	118.42	83.02	49.46	33.16	42.75	−0.070
单位生产总值能耗/（t 标准煤·万元$^{-1}$）	0.562	0.550	0.370	0.358	0.351	0.343	0.337	0.320	0.439
民用汽车拥有量/(万辆)	49.21	55.09	61.24	67.85	77.25	82.06	84.15	87.87	−0.389
城市绿地面积/hm^2	4672	5745	5806	5708	5736	6676	7128	7232	−0.557
治理废气资金/(万元)	108.5	2057.0	—	4978.0	6028.0	8206.5			

数据来源:2014—2021 年《海口统计年鉴》。

5.2.8　三亚市社会经济发展因素及相关性

三亚市位于海南岛最南部,也是海南省最为重要的城市之一。本节统计了三亚市生产总值、人口数量、烟尘排放量、工业 SO_2 排放量、废气排放量、单位生产总值能耗和城市绿地面积 7 项指标,并计算了其与三亚市 O_3-8h 浓度的相关关系,如表 5.8 所示。从表中可知,2014—2020 年三亚市生产总值和人口数量也出现了快速的增长趋势,2020 年分别达到了 695.41 亿元和 103.73 万。三亚市单位生产总值能耗有所下降,城市绿地面积缓慢上升,应该说科技发展进步,环保投入也增加了。但是从烟尘排放量、工业 SO_2 排放量和废气排放量上看,三亚市的大气污染物减排效果一般,2019 年烟尘排放量和工业 SO_2 排放量分别达到了 5964 t 和 252 t,是 2014 年以来的最大值,2019 年废气排放量为 88.7 亿标 m^3,也是近几年较高的一年,这与海口市有明显不同。此外,三亚市社会经济发展指标与 O_3-8h 浓度相关系数绝对值普遍较小,相关性不大。对于三亚市而言，O_3 浓度可能受气象因子影响更大。

表 5.8　2014—2020 年三亚市社会经济发展数据及与 O_3-8h 浓度相关性

	2014 年	2015 年	2016 年	2017 年	2018 年	2019 年	2020 年	相关系数
生产总值/(亿元)	402.26	441.19	493.06	546.10	622.27	689.14	695.41	−0.003
人口数量/万	84.67	86.93	89.89	93.18	95.83	98.85	103.73	0.024
烟尘排放量/t	1208	935	1199	1345	1763	5964		
工业 SO_2 排放量/t	2.4	208	219	231	221	252		
废气排放量/(亿标 m^3)	58.7	48.4	86.6	108.3	106.6	88.7		
单位生产总值能耗/ (t 标准煤·万元$^{-1}$)	0.430	0.334	0323	0.323	0.319	0.315	0.297	0.054
城市绿地面积/hm^2	1571	1795	2396	2219	2261	2692	2414	0.230

数据来源：2015—2021 年《三亚统计年鉴》。

5.3　结论与讨论

(1)海口市的影响气流有明显的季节变化，O_3 污染多发生在秋季，冬季和春季偶尔发生。秋季的内陆中短距离气流和沿海长距离气流，春季的沿海中短距离气流和冬季内陆短距离气流容易造成海口市 O_3-8h 浓度超标。

(2)三亚市 O_3-8h 浓度超标主要发生在秋季和冬季，春季偶尔发生。秋季的内陆东北气流和沿海东北气流，春季的沿海东北气流和冬季短距离气流容易造成三亚市 O_3-8h 浓度超标。

(3)潜在源区分析表明，外源输送对海口市 O_3-8h 浓度影响较大，WPSCF 和 WCWT 的高值区均不在海南岛上，江西、浙江、福建和广东是海口市 O_3 污染的主要贡献源区。外源输送对三亚市 O_3-8h 浓度影响同样较大，O_3 污染主要贡献源区为福建、江西和广东。

(4)2019 年秋季海南岛发生了 4 次连续 O_3 污染天气过程，其中过程 1 和过程 3 污染较重，持续时间分别达到了 10 d 和 9 d，O_3-8h 浓度分别为 145.52 $\mu g \cdot m^{-3}$ 和 143.55 $\mu g \cdot m^{-3}$。过程 2 和过程 4 污染较轻，持续时间分别为 4 d 和 6 d，O_3-8h 浓度分别为 130.79 $\mu g \cdot m^{-3}$ 和 115.46 $\mu g \cdot m^{-3}$。总体而言，中北部和南部的大部分市(县)O_3-8h 浓度偏高，其中 4 次过程中 O_3-8h 浓度均超标的市(县)有北部的定安县，东部的文昌市，以及南部的保亭县和三亚市。

(5)气压偏高，降水偏少，相对湿度偏低，日照时数偏长和太阳总辐射偏强，是造成海南岛出现 O_3 污染天气的有利气象条件，污染时段平均气温和平均风速与秋季平均值没有明显差异。在近地面东北风和西北风控制下有利于海南岛 O_3-8h 浓度上升，而不同风速可能会造成海南岛 O_3-8h 浓度高值区不同，偏低的风速有利于北半部市(县)O_3-8h 浓度升高，偏高的风速则有利于南半部市(县)O_3-8h 浓度升高。

(6)污染较重的过程 1 和过程 3 的影响气流散度较大，有分布于内陆地区的气流和分布于东南沿海地区的气流，其中来自内陆地区的气流携带的大气污染物浓度更高。而污染较轻的过程 2 和过程 4 的影响气流较为集中，多为东南沿海气流，气流经过区域污染物浓度相对较小。

(7)海南岛 O_3 污染的潜在贡献源区主要集中在浙江省、江西省、福建省和广东省等地。其中珠三角地区和广东省西部 WPSCF 大于 0.36，WCWT 高达 90 $\mu g \cdot m^{-3}$，这些区域对 2019 年秋季海南岛 O_3 污染外源输送贡献较大。

(8)海南岛社会经济发展对 O_3-8h 浓度有一定影响。O_3-8h 浓度与生产总值、人口数量、能源消耗总量和民用汽车拥有量呈负相关关系，与单位生产总值能耗和城市绿地面积呈正相关关系，但相关系数均没有通过显著性检验。2015—2020 年海南岛生产总值、人口数量、能源消耗总量和民用汽车拥有量均出现了较快速地增长，然而单位生产总值能耗稳定下降，城市绿地面积也有所提高，表明科技进步在大气污染物减排中效果显著，同时政府对环保的投入增加，市民环境保护意识明显提高。

(9)海口市社会经济发展对 O_3-8h 浓度也有一定影响，而三亚市社会经济发展对 O_3-8h 浓度的影响不大。2013—2020 年海口市 O_3-8h 浓度与生产总值、人口数量、民用汽车拥有量和城市绿地面积呈负相关关系，与烟尘排放量、工业 SO_2 排放量和单位生产总值能耗呈正相关关系，与废气排放量相关性不大。三亚市社会经济发展指标与 O_3-8h 浓度相关系数绝对值普遍较小，相关性不大。对于三亚市而言，O_3 浓度可能更多的受气象因子等其他因素影响。

第6章　热带气旋对海南岛臭氧污染的影响

　　近地面 O_3 不仅是大气中重要的氧化剂,参与了多种化学反应,同时也是主要的温室气体和大气污染物之一,其浓度的上升对城市空气质量、人体健康、生态系统和气候变暖等问题都有显著的影响(Wang et al.,2020;Fan et al.,2020;符传博 等,2021a;赵楠 等,2022)。随着我国经济的迅猛发展和工业化的快速推进,大气污染问题已由传统的单一污染物污染和点源污染转变成为多污染物共同作用的复合型污染和区域性污染(Chen et al.,2017;Liu et al.,2021a;Mazzuca et al.,2016)。自 2013 年开始,我国政府相继颁布和实施了多项大气污染防治政策,以 $PM_{2.5}$ 为代表的大气颗粒物浓度呈逐渐下降的变化趋势,大气污染防治工作效果显著(Liu et al.,2021b;He et al.,2022)。然而 O_3 浓度却呈现出波动上升趋势,并逐渐取代了 $PM_{2.5}$ 成为多个城市中的首要污染物(Tan et al.,2018;Zeng et al.,2018)。根据生态环境部门的监测数据显示(中华人民共和国生态环境保护部,2022),2021 年全国 339 个地级及以上城市中,以 O_3 为首要污染物的超标天数占总超标天数的 34.7%,而京津冀及周边地区、长三角地区和汾渭平原(三大重点区域)以 O_3 为首要污染物的超标天数占总超标天数分别为 41.8%、55.4% 和 39.3%,明显高于全国 339 个城市的平均结果。近地面 O_3 污染已经成为影响空气质量持续改善的重要因素(余益军 等,2020;解淑艳 等,2021)。

　　热带气旋是一种发生在热带洋面上的强烈的暖性气旋性涡旋(高拴柱 等,2021),当热带气旋靠近陆地时,外围的下沉气流会在陆地形成具有稳定结构的高压均压场,这种形势场具有高温、低湿和弱风的气象条件(岳海燕 等,2018;张智 等,2019),非常有利于光化学过程和污染物的积累。从垂直方向上看,热带气旋外围下沉气流还会使边界层内气流混合加强(Jiang et al.,2008),造成混合层顶低和逆温层出现(Shu et al.,2016),近地层污染物不易扩散,导致 O_3 浓度超标。在我国东南沿海省份,热带气旋外围下沉气流引起的 O_3 污染天气已经引起了广泛关注(Hu et al.,2019;赵文龙 等,2021;赵伟 等,2022),并开展了大量的研究。譬如,Lee 等(2002)研究了 1994—1999 年热带气旋发生期间香港夏季出现的 O_3 污染事件,发现 O_3 污染多与热带气旋靠近后引起的下沉气流有关;Jiang 等(2008)基于 WRF-Chem 模型研究了 2001 年台风"Nari"影响期间香港发生的持续 O_3 污染事件,结果表明,台风外围地表 O_3 浓度升高主要来源于高层 O_3 的垂直输送;Shu 等(2016)分析了 2013 年 8 月 7—12 日长三角地区沿海城市出现的 O_3 污染事件与台风靠近引起的高温、低湿和弱风等天气形势有关,而内陆城市几乎不受其影响;岳海燕等(2018)研究了台风"妮妲"对广州市 O_3 浓度的影响,发现台风外围下沉气流造成混合层顶低和逆温层存在,近地层污染物不易扩散,导致 O_3 浓度超标;张智等(2019)利用多种观测数据对台风"安比"影响期间河北省出现的 O_3 污染过程进行分析,发现下沉气流与近地层的弱风辐合场对 O_3 污染有很好的贡献;赵文龙等(2021)基于 Model-3/

CMAQ 模型计算了 2017 年 4 次台风影响期间不同源汇对中山市 O_3 浓度的贡献,发现台风带来的外来气团经过高污染排放区域时,化学过程贡献显著上升;赵伟等(2022)研究了 2015—2020 年西北太平洋热带气旋与珠三角 O_3 浓度的关系,结果表明不同路径类型的热带气旋影响下珠三角地区臭氧浓度变化不同,其中东海转向型的热带气旋对珠三角臭氧超标有明显影响。

海南岛是我国第二大岛屿,地处热带,气候暖热湿润,常以环境优美、空气质量好著称(王春乙,2014)。海南岛素有"台风走廊"之称,年平均影响的热带气旋高达 7 个(蔡亲波,2013)。目前针对热带气旋影响下的海南岛 O_3 污染特征及成因还未见报道,而此项工作对于海南岛城市 O_3 污染预报工作有很强的现实意义,因此,本章收集整理了 2015—2020 年西北太平洋热带气旋资料,海南岛 18 个市(县) O_3 监测数据和气象数据,以及 ERA5 资料,深入探讨了不同路径和不同强度的热带气旋对海南岛 O_3 浓度的影响,同时对一次典型个例进行分析,以期为台风影响下气象和环境部门的 O_3 污染预报提供一定的借鉴,并为政府部门的大气污染防治政策制定提供支撑。

6.1　资料与方法

6.1.1　研究资料

本章采用的资料包括:①2015—2020 年共 6 年海南岛 32 个环境监测站点的 O_3 小时浓度数据,数据来自海南省生态环境厅(http://hnsthb.hainan.gov.cn:8009/EQGIS/), O_3 浓度监测值在分析之前均处理为参比状态值。②2015—2020 年所有西北太平洋(含南海,赤道以北,180°E 以西)海域生成的 181 个热带气旋数据,资料来自中国台风网(https://tcdata.typhoon.org.cn/zjljsjj_sm.html)"CMA-STI 热带气旋最佳路径数据集"。③2015—2020 年海南岛 18 个市(县)地面逐日气象数据,包括降水量、平均气温、相对湿度、日照时数、气压和太阳总辐射,其中太阳总辐射只有海口市和三亚市两个站点资料,数据源自海南省气象局。④ECMWF 发布的 ERA5 资料(朱景 等,2019),数据源自哥白尼气候变化服务中心数据库(https://cds.climate.copernicus.eu),时间分辨率为 1 h,空间分辨率为 0.25°×0.25°。⑤日本"葵花 8 号"(H8)静止气象卫星红外亮度温度(TBB)产品,H8 卫星产品具体可参见文献(张夕迪 等,2018)。

6.1.2　研究方法

(1)污染定义

为兼顾热带气旋对海南岛 O_3 污染影响的强度(浓度)和广度(地域范围),本节首先对海南岛各个市(县)的环境监测资料进行平均,处理出 2015—2020 年 18 个市(县)的 O_3-8h 浓度,同时参照标准《环境空气质量指数(AQI)技术规定(试行)》(HJ633—2012),以 O_3-8h 浓度二级标准,即 160 $\mu g \cdot m^{-3}$ 作为判定热带气旋发生期间是否造成海南岛 O_3 污染的临界标准,以热带气旋期间出现 O_3-8h 浓度超过 160 $\mu g \cdot m^{-3}$ 的市(县)是否超过 3 个作为重度和轻度污染的判据,由此将热带气旋分为三类:①无污染热带气旋(NP):热带气旋期间无任一市(县) O_3-8h 浓度≥160 $\mu g \cdot m^{-3}$。②轻污染热带气旋(SP):热带气旋期间有市(县) O_3-8h 浓度≥160 $\mu g \cdot m^{-3}$,且出现市(县)数<3 个。③高污染热带气旋(HP):热带气旋期间有市(县) O_3-8h 浓度

$\geqslant 160\ \mu g \cdot m^{-3}$，且出现市（县）数$\geqslant 3$个。

（2）K-means 聚类分析方法

热带气旋不同于其他天气尺度系统，具有明显清晰的移动轨迹特征，因而本研究采用了聚类分析方法对西北太平洋海域生成的 181 个热带气旋移动路径进行聚类分析。聚类分析是一种对不同事物间的相似性进行分类，使得同类对象间相似性最大、不同类对象相似性最小的方法（张会涛 等，2019）。K-means 聚类方法（也称快速聚类）是一种应用广泛的经典聚类算法，其基本原理是将数据 A 聚成 k 类，使得每个样本点都属于且仅属于一种一类，同时希望不同类的样本之间的欧式距离尽可能小，因而欧式距离即可作为测度样本"亲疏程度"的指标。K-means 聚类方法具有运算简单、高效与易于实施等优异特性，已被应用于多个领域（Jain，2010）。此外，本章还用到了相关分析和后向轨迹模型，具体可参看第 2.1.2 节和第 5.1.2 节。

6.2 结果与分析

6.2.1 热带气旋期间海南岛臭氧浓度特征

图 6.1 给出了 2015—2020 年热带气旋期间海南岛 O_3-8h 浓度平均值和超标市（县）个数叠加。从中可知，海南岛 O_3-8h 浓度与超标市（县）个数存在很好的正相关关系，即在 O_3-8h 浓度偏高时段，超标市（县）个数偏多；反之，O_3-8h 浓度偏低时段，超标市（县）个数偏少或没有市（县）超标。从不同年份上看（表 6.1），热带气旋生成个数偏多的年份，海南岛发生 O_3 污染天数也偏多，表明海南岛 O_3 污染与热带气旋个数存在密切联系。2017 年、2018 年和 2019 年热带气旋生成个数在 30 个及其以上，为偏多年份，其中 2018 年热带气旋生成个数最多，达到 34 个；热带气旋生成偏多年份发生污染天数分别为 41 d（2017 年）、43 d（2018 年）和 71 d（2019 年），其中 2019 年污染天数最多最严重，HP 天数达到了 39 d（54.9%）。2015 年、2016 年和 2020 年热带气旋生成个数在 29 个及以下，生成个数最少年份为 2020 年，仅为 26 个；热带气旋生成偏少年份发生污染天数分别为 44 d（2015 年）、22 d（2016 年）和 40 d（2020 年），其中 2016 年污染天数最少，且没有出现 HP 天数。此外，近 3 年 HP 天数比例均在 54.9% 以上，表

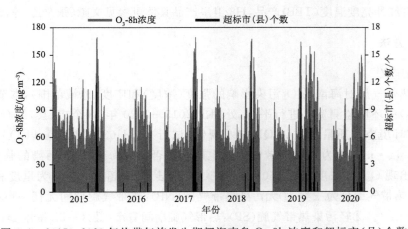

图 6.1 2015—2020 年热带气旋发生期间海南岛 O_3-8h 浓度和超标市（县）个数

明海南岛 O_3 污染有逐年加重趋势（符传博 等，2020a），应引起广泛关注。从不同污染类别上看（表 6.2），2015—2020 年 181 个热带气旋样本中，生命期间海南岛出现 O_3 污染天气的热带气旋共有 40 个，约占总样本数的 22.1%，其中 HP 类和 SP 类热带气旋各有 20 个，对应的海南岛 O_3-8h 浓度分别为 111.05 $\mu g \cdot m^{-3}$ 和 87.48 $\mu g \cdot m^{-3}$；而 NP 类的热带气旋个数为 141个，约占总样本数的 77.9%，海南岛 O_3-8h 浓度为 61.98 $\mu g \cdot m^{-3}$。结果表明，有 77.9% 的热带气旋未能致使海南岛出现 O_3 污染天气，这可能是本节所选的热带气旋中包含了所有季节的样本个数所致。结合前人的分析可知，海南岛 O_3 污染主要出现在秋季和春季，夏季基本没有O_3 污染天气（符传博 等，2021b）。

表 6.1　2015—2020 年热带气旋个数和海南岛 O_3 污染统计

	2015 年	2016 年	2017 年	2018 年	2019 年	2020 年
热带气旋个数/个	29	29	30	34	33	26
发生污染天数/d	44	22	41	43	71	40
HP 天数/d	23(52.3%)	0(0%)	21(51.2%)	32(74.4%)	39(54.9%)	24(60.0%)

注：表中括号内数据表示占有所有污染天数的比例。

表 6.2　2015—2020 年海南岛不同污染类别热带气旋个数统计

污染类别	热带气旋个数/个	占样本热带气旋总数比例/%	年平均热带气旋个数/个	O_3-8h 浓度/($\mu g \cdot m^{-3}$)	趋势系数	气候倾向率/(个 $\cdot a^{-1}$)
HP	20	11.05	3.33	111.05	0.725*	0.667
SP	20	11.05	3.33	87.48	−0.207	−0.095
NP	141	77.90	23.50	61.98	−0.351	−0.548

注：* 代表通过 95% 的信度检验。

6.2.2　不同污染类别热带气旋的年际变化

图 6.2 为各污染类别热带气旋个数的年际变化。从图中可以看出，不同类别的热带气旋年际变化特征明显不同。HP 类热带气旋在 2015—2020 年出现显著的增多趋势，趋势系数和气候倾向率分别为 0.725 和 0.667 个 $\cdot a^{-1}$，其中趋势系数通过了 95% 的信度检验（表 6.2），

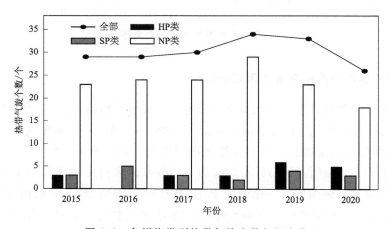

图 6.2　各污染类别热带气旋个数年际变化

表明近年来热带气旋对海南岛 O_3 污染的影响有加重的趋势。SP 和 NP 类热带气旋则表现为减少的变化趋势,其趋势系数分别为 -0.207 和 -0.351,均没有通过信度检验;气候倾向率分别为 -0.095 个·a^{-1} 和 -0.548 个·a^{-1}。这与香港地区的统计结果较为一致(杨柳 等,2011)。

6.2.3　不同污染类别热带气旋的月际变化

图 6.3 为各污染类别热带气旋个数的逐月变化。从图中可知,夏季和秋季是热带气旋最为活跃的季节,其中 7—10 月平均热带气旋个数均在 4 个以上,占比均超过 14%,最大值出现在 8 月,为 6.67 个(22.1%)。HP 类和 SP 类热带气旋主要出现在秋季,其中 HP 类热带气旋9 月、10 月和 11 月平均热带气旋个数(占比)分别为 0.67 个(20%)、1.33 个(40%)和 1.17 个(35%);SP 类热带气旋分别为 0.67 个(20%)、1.17 个(35%)和 0.83 个(25%)。NP 类热带气旋主要发生在夏季和秋季,与所有样本数基本一致(图 6.3a),其中 7—9 月平均热带气旋个数(占比)分别为 4.83(20.57%)、6.67 个(28.37%)和 3.67 个(15.60%)。

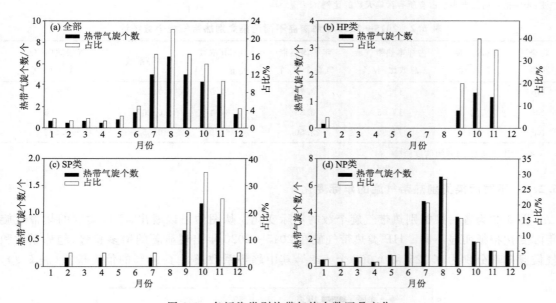

图 6.3　各污染类别热带气旋个数逐月变化

6.2.4　热带气旋强度与海南岛臭氧污染相关性

热带气旋主要是通过外围下沉气流改变陆地天气形势场结构,进而影响近地面 O_3 浓度变化(岳海燕 等,2018;张智 等,2019;Jiang et al.,2008)。一般而言,热带气旋强度越强,外围下沉气流越剧烈,影响效果越大。本节将每个热带气旋 1 d 内的所有台风中心附近极大风速(V_{max})和最低气压(P_{min})进行平均,并与海南岛 O_3-8h 浓度求相关,如图 6.4 和图 6.5 所示,其中污染时段定义为单日海南岛有一个及以上市(县)O_3-8h 浓度超标,清洁时段定义为单日海南岛没有市(县)O_3-8h 浓度超标。从中可知,O_3-8h 浓度主要与 V_{max} 呈正相关关系,与 P_{min} 呈负相关关系,表明热带气旋强度越强,越有利于海南岛 O_3-8h 浓度上升。所有时段的 O_3-8h 浓

度与 V_{max} 和 P_{min} 相关系数分别为 0.124 和 -0.092（表 6.3）。对比污染时段和清洁时段的相关系数可知,污染时段 O_3-8h 浓度与 V_{max} 和 P_{min} 相关系数分别为 0.257 和 -0.232,明显偏高于清洁时段的相关系数(0.116 和 -0.085)。进一步统计不同强度等级热带气旋对海南岛 O_3-8h 浓度的影响程度对比,分别以 TD、TS、STS、TY、STY 和 SUPERTY 代表热带低压、热带风暴、强热带风暴、台风、强台风和超强台风,结果如图 6.6 所示。从中可知,热带气旋强度与海南岛 O_3 污染存在一定的正相关关系,即热带气旋的强度越强,海南岛发生 O_3 污染的概率越大。从 TD 等级到 TY 等级,HP 类热带气旋占所有样本数的比例逐级递增,并在 TY 等级达到了最大值,为 35.4%,STY 和 SUPERTY HP 类热带气旋的比例分别为 14.8% 和 10.8%,偏低于 TY 等级,其内在影响机制还有待于进一步分析。

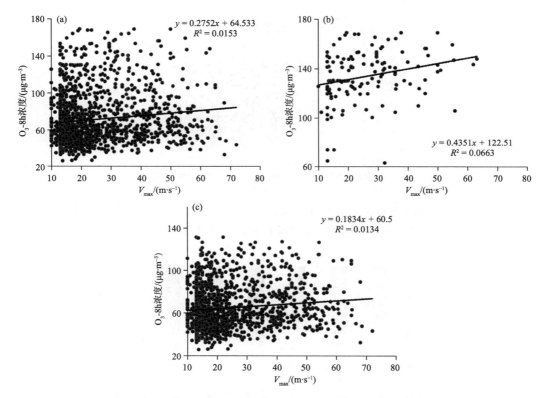

图 6.4　不同时段热带气旋中心附近极大风速(V_{max})和海南岛 O_3-8h 浓度相关性
(a)所有时段,(b)污染时段,(c)清洁时段

表 6.3　不同时段海南岛 O_3-8h 浓度与热带气旋中心附近极大风速(V_{max})和最低气压(P_{min})相关系数

时段	样本数/d	V_{max}	P_{min}
所有	1470	0.124	-0.092
污染	134	0.257	-0.232
清洁	1336	0.116	-0.085

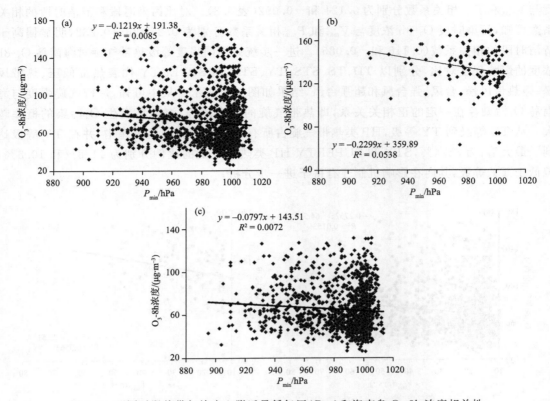

图 6.5　不同时段热带气旋中心附近最低气压（P_{min}）和海南岛 O_3-8h 浓度相关性
（a）所有时段，（b）污染时段，（c）清洁时段

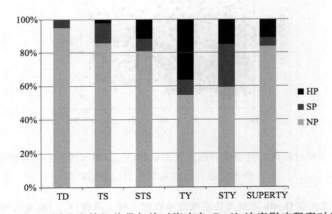

图 6.6　不同强度等级热带气旋对海南岛 O_3-8h 浓度影响程度对比

6.2.5　热带气旋轨迹聚类分析

利用 K-means 聚类方法对 2015—2020 年发生在西北太平洋的 181 个热带气旋移动路径进行聚类分析，其结果如图 6.7 所示。从中可以看出，聚成的四种路径类型热带气旋的地理位置有非常清楚的区分，具体可分为南海生成影响型（A 型）、西太平洋近大陆转向型（B 型）、西

太平洋远大陆转向型（C型）和远海长距离西行转向型（D型）。图6.8显示了四类热带气旋所有包含台风起始位置和全体路径。A类热带气旋共有67个（37％），是四类热带气旋中个数最多的一类。该类热带气旋多数生成于南海，少部分在菲律宾吕宋岛以东洋面生成，西移进入南海。A类热带气旋多数穿过南海登陆越南，少数从我国华南沿海登陆，影响区域为100°—140°E、10°—30°N。B类热带气旋共有34个（18.9％），主要生成于140°E以东洋面，生成后稳定向西北偏西方向移动，部分热带气旋靠近大陆后转向东北，其余减弱消失在南海，影响区域为110°—160°E、10°—40°N。C类热带气旋共有31个（17.1％），是四类热带气旋中个数最少的一类。该类热带气旋起始位置多数在菲律宾以东洋面生成，先东北移动后转向西北移动，影响日本较多。影响区域为120°—150°E、10°—50°N。D类热带气旋共有49个（27.1％），是四类热带气旋中移动距离最长，分布最为分散的一类。该类热带气旋在130°E以东洋面上生成，多数先向西北方向移动，后转向东北方向移动。影响区域为130°E—180°、5°—60°N。

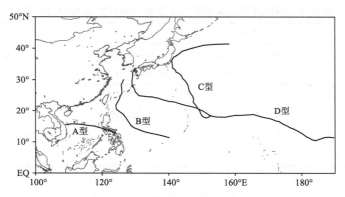

图6.7　2015—2020年热带气旋聚类后的平均路径

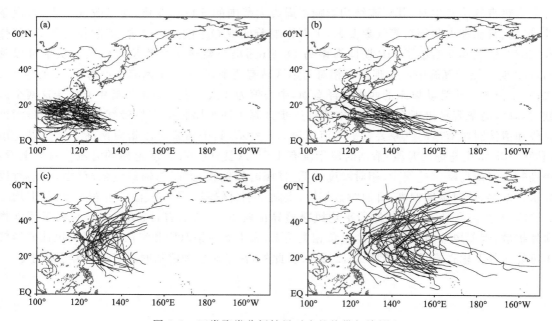

图6.8　四类聚类分析结果对应的热带气旋轨迹

(a)A型,(b)B型,(c)C型,(d)D型

6.2.6 不同路径类型热带气旋对海南岛臭氧浓度的影响

四种路径类型的热带气旋各自包含 HP、SP 和 NP 类热带气旋个数及对应的海南岛 O_3-8h 浓度如表 6.4 所示。总体而言,A 类热带气旋最容易造成海南岛出现大范围和高浓度的 O_3 污染,其次是 B 类和 D 类热带气旋,而 C 类热带气旋海南岛发生 O_3 污染可能性最低。从不同类型污染来看,在 A 类热带气旋中 HP 的个数最多,为 7 个,O_3-8h 浓度最高,达到了 121.90 $\mu g \cdot m^{-3}$。其次是 B 类和 D 类,HP 个数均为 5 个,O_3-8h 浓度分别为 117.95 $\mu g \cdot m^{-3}$ 和 113.08 $\mu g \cdot m^{-3}$。C 类最少,仅为 3 个,O_3-8h 浓度为 102.64 $\mu g \cdot m^{-3}$。对于 SP 污染的热带气旋,A 类热带气旋个数也是四类中个数最多的,为 7 个,B 类和 D 类次之,均为 6 个,而 C 类 SP 个数只为 1 个。从 SP 对应的 O_3-8h 浓度上看,C 类热带气旋最高,达到了 111.79 $\mu g \cdot m^{-3}$,这可能与样本数偏少有关。B 类和 D 类次之,A 类最低。

表 6.4 四种路径类型热带气旋个数及对应海南岛 O_3-8h 浓度

污染类型	A 类		B 类		C 类		D 类		所有样本	
	个数/个	O_3-8h 浓度/$(\mu g \cdot m^{-3})$	个数/个	O_3-8h 浓度/$(\mu g \cdot m^{-3})$	个数/个	O_3-8h 浓度/$(\mu g \cdot m^{-3})$	个数/个	O_3-8h 浓度/$(\mu g \cdot m^{-3})$	个数/个	O_3-8h 浓度/$(\mu g \cdot m^{-3})$
HP	7	121.90	5	117.95	3	102.64	5	113.08	20	115.25
SP	7	85.39	6	91.29	1	111.79	6	87.23	20	89.34
NP	53	60.01	23	69.06	27	59.29	38	59.85	141	61.44
All	67	70.75	34	80.56	31	75.31	49	68.83	181	71.18

6.2.7 热带气旋对海南岛臭氧浓度影响的成因分析

当热带气旋发生时,其环流结构影响了周边大范围的气象场变化,通过改变降水、水汽条件、风场、日照和太阳辐射等气象要素,进而影响着区域 O_3 的生成、传输、扩散和清除等(赵伟等,2022)。图 6.9 给出了 HP 期间海南岛 O_3-8h 污染时段热带气旋位置频数。从中可以看出,HP 期间热带气旋中心出现频率相对密集区域有两个,一个位于南海中部海面,中心值为 4 次;一个位于巴士海峡以东的西太平洋海面,中心值为 3 次。说明热带气旋中心位于这两个区域时,海南岛最容易出现 O_3 污染。本节进一步计算了四种路径类型热带气旋生命期间,污染时段和清洁时段海南岛气象要素平均值如表 6.5 所示,其中污染时段指海南岛 1 个及以上市(县)O_3-8h 浓度超标的时段;清洁时段指没有 1 个市(县)O_3-8h 浓度超标的时段。总体上看,污染时段海南岛降水量偏少,相对湿度偏低,日照时数偏长,太阳总辐射偏强;反之,清洁时段降水量偏多,相对湿度偏高,日照时数偏短,太阳总辐射偏弱。平均气温没有较大差异,但均在 22 ℃以上。污染时段和清洁时段平均风速差异也较小,一般而言,风速偏大时有利于污染物向外扩散,因而风速与污染物浓度呈负相关关系,海南岛污染时段和清洁时段平均风速差异较小可能与外源输送有关(符传博 等,2021b)。此外,污染时段和清洁时段气压差异也较小。

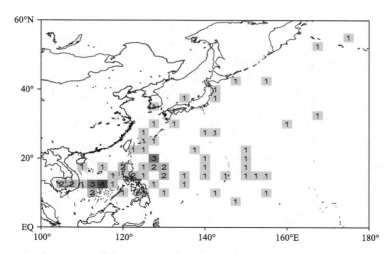

图 6.9　HP 期间 O_3-8h 污染时段热带气旋位置频数(单位:次)

表 6.5　HP 型热带气旋不同阶段海南岛气象要素平均值

项目	降水量/ mm	平均气温/ ℃	相对湿度/ %	日照时数/ (h·d^{-1})	气压/hPa	平均风速/ (m·s^{-1})	太阳总辐射/ (MJ·m^{-2})
A 型污染时段	1.64	23.20	74.79	4.13	1000.14	2.75	12.35
A 型清洁时段	7.68	23.99	82.37	3.33	1000.11	2.61	10.63
B 型污染时段	0.76	22.47	75.73	7.23	1002.24	1.87	17.55
B 型清洁时段	2.01	22.62	82.02	6.49	1002.90	1.91	15.53
C 型污染时段	0.13	25.71	73.94	7.78	1000.47	1.70	19.88
C 型清洁时段	5.11	25.66	81.56	5.98	996.86	1.75	16.09
D 型污染时段	1.70	24.55	77.82	6.24	999.02	1.98	16.56
D 型清洁时段	9.54	26.11	84.15	5.21	997.21	2.19	15.11

6.2.8　2016 号台风"浪卡"概况

2020 年 10 月 11 日 08:00,位于南海东部海面的热带云团加强为热带低压,取名为"浪卡"。"浪卡"生成时中心位置是 16.5°N,120.2°E,中心附近最大风力为 6 级(13 m·s^{-1}),中心附近最低气压为 1004 hPa,为热带低压级。"浪卡"生成后强度不断加强,同时以 20 km·h^{-1} 左右的速度稳定向西偏北方向移动,路径如图 6.10 所示,具有近海加强、路径稳定和移速快等特点(赵飞 等,2021)。10 月 12 日 08:00 加强为热带风暴级,10 月 13 日 11:00 继续增强为强热带风暴级,并于 10 月 13 日 19:20 前后在琼海市博鳌镇沿海登陆,登陆时中心附近最大风力 10 级(25 m·s^{-1}),中心最低气压 988 hPa,登陆后先后穿过琼海市、定安县、屯昌县、澄迈县和儋州市,于 10 月 13 日 23:00 减弱为热带风暴级,10 月 14 日凌晨进入北部湾海面。10 月 14 日 18:20,"浪卡"在越南清化沿海再次登陆,登陆时中心附近最大风力为 8 级(18 m·s^{-1}),中心最低气压 998 hPa,登陆后继续向西偏北方向移动并迅速减弱,对海南岛的影响结束。

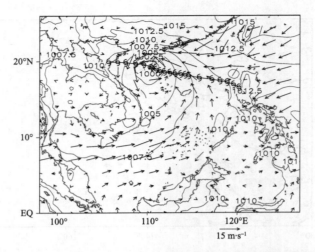

图 6.10　2020 年 10 月 11—14 日 2016 号台风"浪卡"路径及登陆时
(10 月 13 日 19:00)1000 hPa 风速(m·s^{-1})和海平面气压(hPa)叠加

6.2.9　台风"浪卡"期间海南岛臭氧浓度变化

图 6.11 给出了 2020 年 10 月 10—14 日海南岛 18 个市(县)O_3-8h 浓度逐日变化,期间海南岛所有市(县)首要污染物均为 O_3。10 月 10 日海南岛空气质量以优良为主(图 6.11a),16 个市(县)O_3-8h 浓度分布在良等级,2 个市(县)在优等级,呈东部和南部 O_3-8h 浓度偏高于其余区域的分布特征。最大值出现在南部的保亭县,O_3-8h 浓度为 151.67 $\mu g \cdot m^{-3}$,最小值出现在西部的儋州市,为 89.06 $\mu g \cdot m^{-3}$。10 月 11 日北部和西部市(县)O_3-8h 浓度较 10 日明显增大(图 6.11b),其中临高县和屯昌县 O_3-8h 浓度超过了二级阈值(160 $\mu g \cdot m^{-3}$),为轻度污染等级。全岛平均的 O_3-8h 浓度为 129.28 $\mu g \cdot m^{-3}$(表 6.6),较 10 月 10 日明显增大。10 月 12 日海南岛 O_3-8h 浓度分布特征与 10 月 11 日一致(图 6.11c),表现为北部和西部偏高于东部、中部和南部,其中北部的临高县、海口市、澄迈县和西部的昌江县 O_3-8h 浓度超过了 160 $\mu g \cdot m^{-3}$,为轻度污染等级,最大值出现在临高县,为 198.44 $\mu g \cdot m^{-3}$。此时海南岛平均的 O_3-8h 浓度也达到了此次污染过程的最高值(130.15 $\mu g \cdot m^{-3}$)。10 月 13 日海南岛 O_3-8h 浓度呈南部和西部偏高(图 6.11d),北部、中部和东部偏低的分布特征,与 10 月 11 日和 10 月 12 日明显不同。南部的保亭县、陵水县和西部的昌江县 O_3-8h 浓度达到了轻度污染等级,全岛平均的 O_3-8h 浓度为 125.68 $\mu g \cdot m^{-3}$。10 月 14 日海南岛 O_3-8h 浓度出现显著下降(图 6.11e),全岛 O_3-8h 浓度分布为 50~90 $\mu g \cdot m^{-3}$。

结合台风生成的路径来看,10 月 10 日台风"浪卡"还没有生成,海南岛主要受北方弱冷空气扩散影响,岛上各个市(县)O_3-8h 浓度明显偏低,均在优良等级;台风"浪卡"于 10 月 11 日 08:00 生成并向西北方向移动,海南岛处于台风西偏北方向,受台风西北侧东北气流影响,有利于污染物从我国东南沿海区域输送至海南岛。随着台风的靠近,东北气流风速增大,输送强度增强,加之台风外围下沉气流共同影响,海南岛空气质量逐渐恶化,O_3 浓度升高明显,10 月 11—13 日陆续有市(县)O_3-8h 浓度超标。10 月 13 日 19:20 随着台风"浪卡"在琼海市登陆,带来较强的风雨过程,空气质量转优,O_3 浓度显著下降。

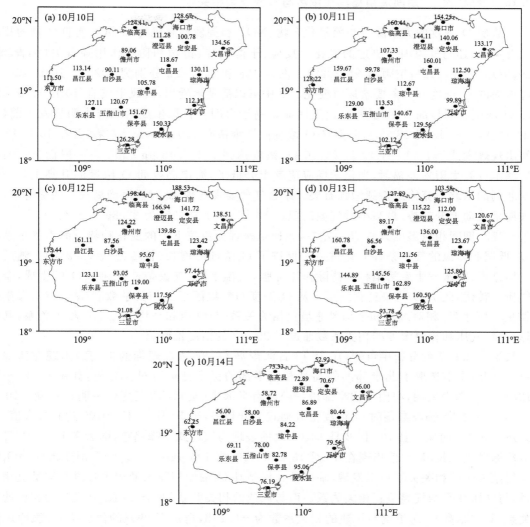

图 6.11　2020 年 10 月 10—14 日海南岛 O₃-8h 浓度逐日变化(单位:μg·m⁻³)

表 6.6　2020 年 10 月 10—14 日海南岛空气质量逐日统计

日期	O_3-8h 浓度/ $(mg \cdot m^{-3})$	SO_2 浓度/ $(mg \cdot m^{-3})$	NO_2 浓度/ $(mg \cdot m^{-3})$	PM_{10} 浓度/ $(mg \cdot m^{-3})$	CO 浓度/ $(\mu g \cdot m^{-3})$	$PM_{2.5}$ 浓度/ $(mg \cdot m^{-3})$
10 月 10 日	119.22	4.96	8.67	38.56	0.67	24.65
10 月 11 日	129.28	5.09	9.27	41.24	0.65	26.23
10 月 12 日	130.15	5.34	8.65	41.99	0.62	26.54
10 月 13 日	125.68	5.43	9.37	33.28	0.63	21.83
10 月 14 日	72.39	4.45	5.74	11.85	0.61	7.86

6.2.10 台风"浪卡"期间海南岛臭氧浓度与气象要素相关性

对流层 O_3 浓度的大小除了与氮氧化合物（NO_x）和挥发性有机物（VOCs）等前体物的排放状况有关外，还与气象因子决定的光化学反应、干湿沉降、传输和稀释作用等有关（姚青 等，2020；罗瑞雪 等，2021；王雨燕 等，2022）。图 6.12a 和图 6.12b 分别为 2020 年 10 月 10—14 日海南岛的 O_3 浓度和气象要素逐时变化。从中可以清楚地看出，台风生成前（10 月 10 日）海南岛 O_3 浓度有明显的日变化特征，白天明显偏高于夜间。台风生成后至降水明显发生前（10 月 11 日 08：00—13 日 08：00），海南岛 O_3 浓度前期维持在 120 $\mu g \cdot m^{-3}$ 左右，并在 10 月 12 日夜间出现爆发式增长，10 月 12 日 23：00 O_3 浓度达到了 157.45 $\mu g \cdot m^{-3}$。一般而言，20：00 之后基本没有太阳紫外辐射，光化学反应速率十分低下，海南岛夜间 O_3 浓度的升高主要与台风西北侧的东北气流输送持续增强有关。结合气象要素发现，此时段海南岛没有明显降水，逐时气温呈波动上升趋势，最高小时气温出现在 10 月 12 日 15：00，为 27.86 ℃。在 10 月 12 日下午至夜间期间相对湿度只有 75％ 左右，风速也表现为快速下降的变化趋势。海南岛本地的高温、低湿和弱风的气象条件变化进一步促进了 O_3 浓度的增长（符传博 等，2021b）。随后台风主体靠近，降水发生后污染物的清除作用加强，气温下降，气象条件不利于 O_3 的生成，全岛空气质量转优，此次 O_3 污染过程结束。从 O_3 浓度与气象因子的相关系数看（表 6.7），海南岛 O_3 浓度与降水量、相对湿度和平均风速呈负相关关系，与气压和平均气温呈正相关关系，其中与降水量、气压和相对湿度的相关系数通过了 99.9％ 的信度检验。

从第 6.2.9 节的分析中可知，10 月 13 日海南岛 O_3-8h 浓度超标的市（县）出现在西部和南部。因此，本节选取了北半部的临高县和南半部的保亭县进行对比分析，如图 6.12c～图 6.12f 所示。图中表明，海南岛北半部市（县）和南半部市（县）O_3 浓度变化有明显不同。10 月 13 日 00：00 之前，临高县逐时 O_3 浓度呈波动式上升趋势，于 10 月 12 日 20：00 达到最大值，为 210 $\mu g \cdot m^{-3}$。而保亭县 10 月 12 日 12：00 之前表现为波动式下降趋势，随后在 10 月 12 日夜间出现爆发式增长，最大值出现在 10 月 13 日 03：00，为 196 $\mu g \cdot m^{-3}$。结合两个市（县）O_3 浓度与气象因子的相关关系可以发现，临高县和保亭县 O_3 浓度与降水量和相对湿度均呈负相关关系，与气压和平均气温呈正相关关系。而与风速的相关关系，两个市（县）却表现为相反的相关关系，其中临高县 O_3 浓度与风速的相关系数为 −0.288，通过了 99％ 的信度检验，表明风速越大时，O_3 浓度越小。保亭县 O_3 浓度与风速的相关系数为 0.554，通过了 99.9％ 的信度检验，表明风速越大时，O_3 浓度越大。结合海南岛地形，可以推测，当台风离海南岛较远时，低层风速较小，外源输送的污染物受到五指山山脉的阻挡，北半部的市（县）影响较大，南半部市（县）影响较小；反之，当台风靠近海南岛时，低层风速增大，外源输送的污染物会随着爬山气流和绕山气流的输送至海南岛南半部，进而造成南半部的市（县）O_3 浓度也明显升高。为了验证推测，图 6.13 进一步给出了临高县和保亭县 2020 年 10 月 10—14 日逐时 O_3 浓度分布和风频图。结果发现，临高县 O_3 浓度大值（≥140 $\mu g \cdot m^{-3}$）主要发生在风速为 0～6 $m \cdot s^{-1}$ 的东北偏东风，而保亭县风速小于 4 $m \cdot s^{-1}$ 时没有出现 O_3 浓度大值，风速仅有 4～6 $m \cdot s^{-1}$ 的东北风影响下，O_3 浓度才明显升高。符传博等（2022c）对三亚市一次臭氧污染过程的成因进行分析，发现三亚市 O_3 浓度升高与低层的绕山气流辐合效应密切相关。此外，10 月 12 日夜间保亭县 O_3 浓度的极大值出现时段滞后于临高县，也进一步证明了在台风"浪卡"影响下，海南岛的 O_3 污染与外源输送密切相关，而输送是以直接输送 O_3 为主还是以输送前体物为主，还不清楚，其内在机制有待于进一步研究。

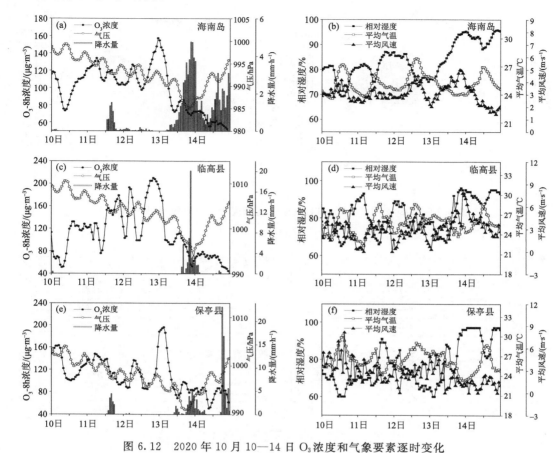

图 6.12　2020 年 10 月 10—14 日 O_3 浓度和气象要素逐时变化

表 6.7　2020 年 10 月 10—14 日逐时 O_3 浓度与气象因子相关系数

区域	降水量	气压	相对湿度	平均气温	平均风速
海南岛	−0.603***	0.292**	−0.653***	0.036	−0.007
临高县	−0.202*	0.113	−0.420***	0.330***	−0.288**
保亭县	−0.209*	0.339***	−0.637***	0.144	0.554***

* 表示通过 95% 信度检验，** 表示通过 99% 信度检验，*** 表示通过 99.9% 信度检验。

6.2.11　台风"浪卡"过程对海南岛臭氧浓度的影响

6.2.11.1　天气形势分析

图 6.14 为 2020 年 10 月 11—13 日 20:00 500 hPa 位势高度场与风场叠加，图 6.15 为 925 hPa 风场、相对湿度、气温和海平面气压场叠加。从 10 月 11 日 20:00 高空场可以看出（图 6.14a），中高纬地区为一槽一脊的形势，东亚大槽槽底偏北，西风带较为平直，西太平洋副热带高压（以下简称副高）呈带状分布，我国的东南部沿海省份在副热带高压控制下。台风"浪卡"此时位于副热带高压南侧的南海东北部海面，受副热带高压南侧偏东风引导气流影响，台

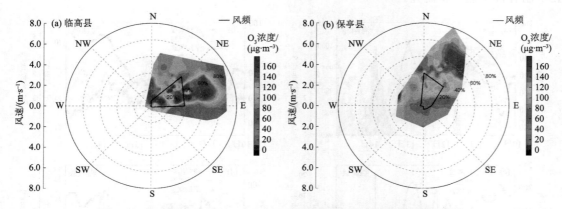

图 6.13　2020 年 10 月 10—14 日逐时 O₃ 浓度分布及风频图（另见彩图）

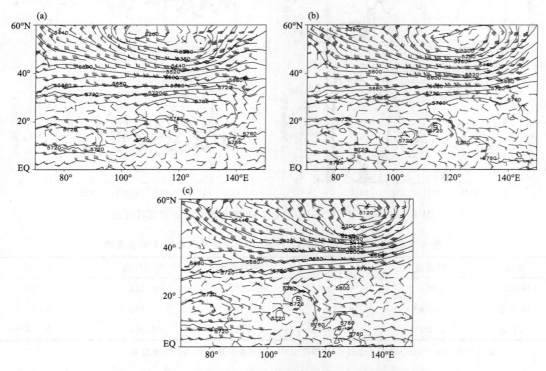

图 6.14　台风"浪卡"期间 500 hPa 位势高度场（黑色实线，gpm）与风场（矢量，m·s⁻¹）叠加
（a）2020 年 10 月 11 日 20:00，(b)2020 年 10 月 12 日 20:00，(c)2020 年 10 月 13 日 20:00

风"浪卡"以 20 km·h⁻¹ 左右的速度稳定向西偏北方向移动。从 10 月 11 日 20:00 地面场看
（图 6.15a），海南岛受弱冷空气扩散影响，海平面气压 1007.5 hPa 等值线分布在海南岛南部。
华南地区 925 hPa 受东北风风场控制，福建省和广东省附近 925 hPa 出现了明显的高温低湿
中心，最高气温为 23 ℃，相对湿度最低值在 50% 以下，而且风速较小，非常有利于该区域光化
学过程的发展，O₃ 浓度上升，并随着低层东北风影响海南岛，10 月 11 日海南岛各个市（县）O₃
浓度有不同程度的上升，其中临高县和屯昌县 O₃-8h 浓度达到了轻度污染等级。10 月 12 日

20:00副热带高压有所东退(图 6.14b),西脊点在 112°E 附近,浙江省南半部、福建省和广东省均在副热带高压内部。台风"浪卡"东移至南海北部。海南岛海平面气压分布在 1005~1007.5 hPa(图 6.15b),受台风"浪卡"靠近影响,华南地区 925 hPa 东北风持续增大,我国东南部高温低湿的范围较 10 月 11 日 20:00 明显加大,高温中心位于广东珠三角地区,中心值达 24 ℃,相对湿度在 60%以下,气象条件非常有利于该地区 O_3 浓度的升高,增大的低层东北风导致外源输送增强,10 月 12 日海南岛 O_3-8h 浓度超标市(县)达到了 4 个,为此次过程 O_3 污染最为严重的一天。10 月 13 日 20:00 副热带高压范围增大(图 6.14c),台风"浪卡"于 10 月 13 日 19:20 登陆海南岛,地面风速加大并伴有强降水,气温下降,相对湿度升高(图 6.15c),海南岛此次 O_3 污染过程结束。

综上可知,我国的东南部沿海省份是海南岛此次污染过程的主要贡献源区。受副热带高压内部的下沉气流和台风"浪卡"外围下沉气流共同影响,该地区出现晴好天气,气温偏高,紫外线强,低层风速较小,大气光化学反应加快,有利于贡献源区 O_3 浓度上升(黄俊 等,2018)。台风"浪卡"西北侧的低层东北气流将东南部沿海省份的大气污染物输送至海南岛。随着台风"浪卡"强度增强和移动路径靠近,我国东南部省份气象条件有利于光化学反应速率上升,可能导致 O_3 浓度升高,配合上东北气流的加强,外源输送强度增大,致使 10 月 11 日和 10 月 12 日夜间海南岛 O_3 浓度持续增加,出现多个市(县)O_3-8h 浓度超标事件。

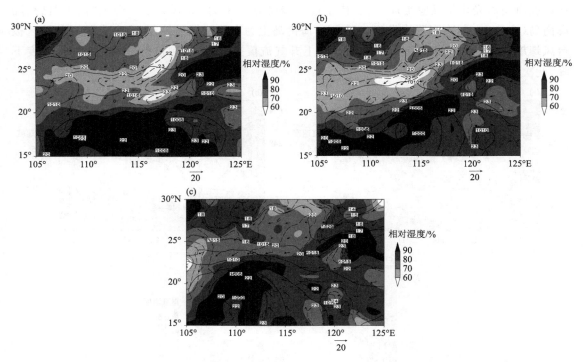

图 6.15　台风"浪卡"期间 925 hPa 风场(矢量,m·s⁻¹)、相对湿度、气温(黑色虚线,℃)与
海平面气压(黑色实线,hPa)叠加

(a)2020 年 10 月 11 日 20:00,(b)2020 年 10 月 12 日 20:00,(c)2020 年 10 月 13 日 20:00

6.2.11.2 垂直速度与云图分析

图 6.16 给出了 2020 年 10 月 11—13 日 20:00 950 hPa 风场、垂直速度和 2 m 高度温度露点差叠加,图 6.17 给出了同期 14:00 H8 卫星红外亮度温度(TBB)。从图 6.16 中可以清楚看出,台风"浪卡"中心附近存在剧烈的上升气流,TBB 值在 −70 ℃左右(图 6.17),西侧和北侧的外围区域以下沉引动为主,形成了较为典型的热带气旋垂直循环结构。10 月 11 日 20:00,我国东南部省份的大部分地区处在下沉气流控制下,下沉速度在 0.1～0.5 Pa·s^{-1}(图 6.16a),TBB 值在 10～20 ℃(图 6.17a),水平风速较小,同时配合有明显的干区,2 m 高度温度露点差在 4 ℃以上,最大值出现在广东省东部至福建省中部,为 8 ℃,气象条件非常有利这些区域的光化学反应,O$_3$ 浓度上升。海南岛主要为上升气流影响,这可能与地形对低空气流的抬升作用有关(杨仁勇 等,2014)。台湾海峡至海南岛东侧的南海北部海面有明显的东北气流控制,风速总体偏大,外源输送特征非常显著。10 月 12 日 20:00 台风"浪卡"中心 TBB 值进一步降低至 −80 ℃左右(图 6.17b),强度增强。随着台风"浪卡"强度的增强和中心逐渐靠近,福建省、广东省和海南岛北半部均在台风外围的下沉气流区域,2 m 高度温度露点差中心(8 ℃)位于广东省珠三角地区,增强的下沉气流运动使得气流存在垂直方向的传输,光化学反应剧烈,近地面 O$_3$ 聚集,造成 O$_3$ 污染并随着增强的台风西北侧东北气流输送至海南岛。由于 O$_3$ 形成机理较为复杂,低层水平输送过程是直接输送 O$_3$ 到海南岛,还是输送前体物到海南岛,而后在海南岛光化学反应生成,还有待于进一步研究。10 月 13 日 20:00 台风"浪卡"已登陆海南岛(图 6.16c),有强降水发生,950 hPa 海南岛上为台风旋转风控制,广东省珠三角地区被台风螺旋云带控制(图 6.17c),也有明显的上升气流覆盖,传输机制被打破,海南岛 O$_3$ 浓度下降,此次 O$_3$ 污染过程结束。

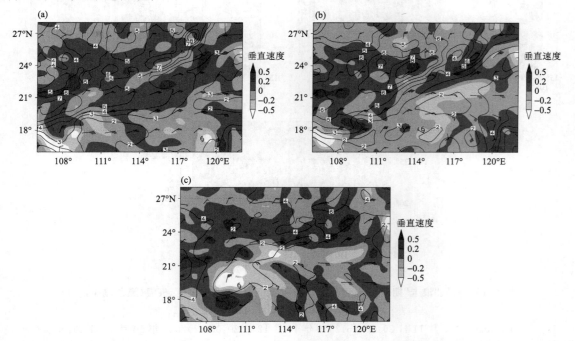

图 6.16 台风"浪卡"期间 950 hPa 风场(矢量,m·s^{-1})、垂直速度(Pa·s^{-1})与 2 m 高度温度露点差(黑色实线,℃)叠加
(a)2020 年 10 月 11 日 20:00,(b)2020 年 10 月 12 日 20:00,(c)2020 年 10 月 13 日 20:00

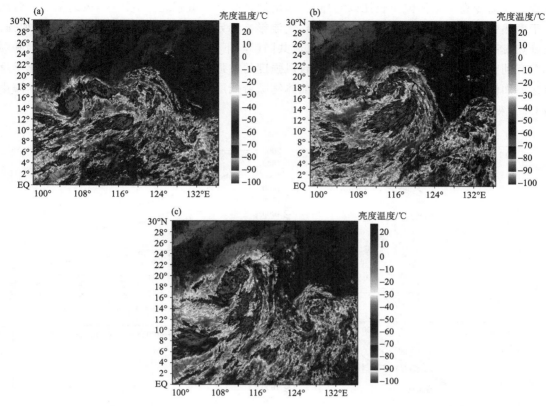

图 6.17　台风"浪卡"期间"葵花 8 号"卫星红外亮度温度（另见彩图）

(a)2020 年 10 月 11 日 14:00,(b)2020 年 10 月 12 日 14:00,(c)2020 年 10 月 13 日 14:00

6.2.11.3　后向轨迹分析与天气概念模型

利用 HYSPLIT 模型对台风"浪卡"期间（10 月 11 日 20:00 和 10 月 12 日 20:00）临高县 72 h 后向轨迹进行模拟,结果如图 6.18 所示。从中可知,10 月 11 日和 10 月 12 日的 20:00 临高县 100 m、500 m 和 1000 m 高度的影响气流主要来自长三角地区及其以东洋面,经过我国东南沿海省份到达海南岛。10 月 11 日 20:00 100 m 气流主要分布在陆地（图 6.18a）,500 m 气流主要流经东南沿海,而 1000 m 气流主要来自海上。10 月 12 日 20:00 的气流轨迹表明（图 6.18c）,不同高度的影响气流均经过广东省后影响海南岛。从垂直高度上看,10 月 11 日 20:00 100 m 高度气流随着时间的推移先上升后下沉（图 6.18b）,而 500 m 和 1000 m 气流均表现为下沉趋势,说明高空和地面的污染物在前期发生了混合累积,随后在台风外围下沉气流的影响下,聚集在低层并输送至海南岛。10 月 12 日 20:00 100 m、500 m 和 1000 m 气流主要来自 400~600 m 高度上（图 6.18d）,其中 1000 m 气流随着时间推移表现为先上升后趋于平稳变化,这可能与其流经区域有关,而 100 m 和 500 m 气流主要表现为波动式的下降趋势,污染物在流向海南岛的过程当中,受下沉气流影响聚集在低空,造成了海南岛此次 O_3 污染过程。

结合前面的分析,本节凝练了台风"浪卡"影响下的海南岛 O_3 污染的大尺度天气概念模型,天气形势配置示意如图 6.19 所示。500 hPa 东亚中高纬大陆呈一槽一脊型,槽脊位置总体偏北,西风带较为平直。受北方槽脊活动挤压影响,副热带高压加强西伸,西脊点位于华南附近。地面冷高压主体位于长江以北地区,华南地区受其南侧东北气流影响,风速偏弱。台风位于副热带高压西南侧,受副热带高压引导气流影响稳定向西偏北方向移动,强度有所加强。在副热带高压下沉气流与台风外围下沉气流共同影响下,我国东南部省份出现高温、低湿和弱风等有利于光化学反应的气象条件,随着台风强度的加强与中心位置的靠近,该区域光化学反应速率加快,O_3 浓度上升,高浓度的 O_3 和前体物随着低层东北气流输送至海南岛,导致了海南岛 O_3 污染事件的发生。

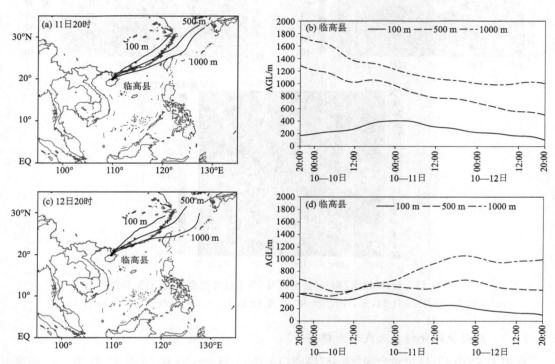

图 6.18 台风"浪卡"期间临高县 72 h 后向轨迹
(a)和(b)2020 年 10 月 11 日 20:00,(c)和(d)2020 年 10 月 12 日 20:00

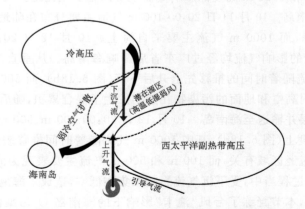

图 6.19 台风"浪卡"影响下的海南岛 O_3 污染天气概念模型

6.3　结论与讨论

（1）2015—2020 年西北太平洋一共发生了 181 次热带气旋过程，其中有 40 个热带气旋的生命期间海南岛出现了 O_3 污染天气，约占总样本数的 22.1%。热带气旋生成个数偏多的年份，海南岛发生 O_3 污染天数也偏多，其中 2019 年污染天数最多最严重，HP 天数达到了 39 d（54.9%），2016 年污染天数最少，且没有出现 HP 天数。HP 类热带气旋有逐年增多趋势，且主要出现在秋季，趋势系数和气候倾向率分别为 0.725 和 0.667 个·a^{-1}，其中趋势系数通过了 95% 的信度检验。

（2）热带气旋强度与海南岛 O_3-8h 浓度呈正相关关系，污染时段 O_3-8h 浓度与平均极大风速（V_{max}）和平均最低气压（P_{min}）相关系数分别为 0.257 和 -0.232，明显偏高于清洁时段的相关系数（0.116 和 -0.085）。随着热带气旋强度等级的上升，HP 类热带气旋占所有样本数的比例升高，最大值出现在 TY 等级，为 35.4%，STY 和 SUPERTY HP 类热带气旋的比例分别达到了 14.8% 和 10.8%。

（3）热带气旋路径聚类分析表明，A 类热带气旋是四类中个数最多的一类，共有 67 个，约占所有样本数的 37%；B 类和 D 类热带气旋分别有 34 个（约 18.8%）和 49 个（约 27.1%），C 类热带气旋生成个数最少，仅为 31 个（约 17.1%）。此外，A 类热带气旋最容易造成海南岛出现大范围和高浓度的 O_3 污染，A 类热带气旋中 HP 的个数最多，为 7 个，O_3-8h 浓度最高，达到了 121.90 $\mu g \cdot m^{-3}$。其次是 B 类和 D 类，HP 个数均为 5 个，O_3-8h 浓度分别为 117.95 $\mu g \cdot m^{-3}$ 和 113.08 $\mu g \cdot m^{-3}$。C 类最少，仅为 3 个，O_3-8h 浓度为 102.64 $\mu g \cdot m^{-3}$。

（4）HP 期间热带气旋中心出现频率相对密集的区域分别是南海中部海面和巴士海峡以东的西太平洋海面，中心值分别为 4 次和 3 次。对比分析 HP 类热带气旋期间污染时段和清洁时段海南岛气象要素平均值表明，HP 类热带气旋使得污染时段海南岛降水量偏少、相对湿度偏低、日照时数偏长、太阳总辐射偏强等，气象条件的变化有利于 O_3 浓度升高。

（5）2020 年 10 月 10 日海南岛没有市（县）空气质量超标，而台风"浪卡"过程期间，10 月 11—13 日均有市（县）空气质量超标，且首要污染物均为 O_3。10 月 11 日和 10 月 12 日 O_3-8h 浓度分布表现为北部和西部偏高于东部、中部和南部，而 10 月 13 日呈南部和西部偏高，北部、中部和东部偏低的分布特征。10 月 12 日海南岛平均的 O_3-8h 浓度最高，为 130.15 $\mu g \cdot m^{-3}$，共有 4 个市（县）O_3-8h 浓度超标，其中临高县达到了全岛最高的 198.44 $\mu g \cdot m^{-3}$。

（6）台风过程期间，海南岛小时 O_3 浓度前期较为平稳，在 10 月 12 日夜间 O_3 浓度出现爆发式增长，23：00 达到了 157.45 $\mu g \cdot m^{-3}$，与降水量、相对湿度和平均风速呈负相关关系，与气压和气温呈正相关关系，其中与降水量、气压和相对湿度的相关系数通过了 99.9% 的信度检验。海南岛北半部市（县）和南半部市（县）O_3 浓度变化不同，这与五指山山脉的地形作用有关。

（7）台风登陆海南岛前，我国东南部沿海省份受副热带高压内部的下沉气流和台风"浪卡"外围下沉气流共同影响下，天气晴好，气温偏高，紫外线强，低层风速较小，有利于大气光化学反应生成 O_3。台风西北侧的低层东北气流将该区域的污染物输送至海南岛，输送作用随着台风"浪卡"强度增强和移动路径靠近而得到加强，致使了此次海南岛 O_3 污染事件的发生。

　　(8)后向轨迹模拟结果表明,10 月 11 日和 12 日影响海南岛的气流主要来自我国东南沿海省份,高空和地面污染物在前期有混合积累,后期在台风外围下沉气流作用下于低层聚集并输送至海南岛,造成了海南岛此次 O_3 污染过程。本章凝练了台风"浪卡"影响下的海南岛 O_3 污染的天气概念模型,其结论可供大气污染预测预警研究和环境管理部门污染联防联控参考。

第7章　海南岛臭氧生成敏感性

　　O_3是大气中的重要痕量气体,90%分布在平流层中,对流层中只约占10%(唐孝炎 等,2006)。对流层O_3是光化学烟雾的重要组成成分之一,其不能由污染源直接排放到大气中,而是由氮氧化合物(NO_x)与挥发性有机化合物(VOCs)经过复杂的化学反应产生(Wang et al.,2017;符传博 等,2021a)。O_3具有较强的氧化性和腐蚀性,其浓度的升高会对眼睛和呼吸道等人体器官造成损伤(Lu et al.,2020;赵楠 等,2022),引起人类健康问题(Chen et al.,2017)。此外,O_3还会损害植物叶片,造成农作物减产(冯兆忠 等,2021),对建筑物有腐蚀作用(王倩 等,2021)。O_3同时也是一种温室气体,其在大气中的含量和分布,会直接影响地气辐射平衡,进而引起全球和区域的气候变化(Selin et al.,2017;Wang,2021b)。生态环境部门的监测数据显示(中华人民共和国生态环境保护部,2022),2021年全国339个地级及以上城市中,以O_3为首要污染物的超标天数占总超标天数的34.7%,京津冀及周边地区、长三角地区和汾渭平原以O_3为首要污染物的超标天数占总超标天数分别为41.8%、55.4%和39.3%,明显高于全国339个城市的平均结果。O_3已经成为"十四五"期间影响我国重要区域大气环境的首要污染物之一,其污染防控迫在眉睫(Chen,2021;Li et al.,2021b)。

　　O_3污染的变化主要受前体物排放、化学反应和气象条件等多方面因素影响,国内外学者对我国O_3污染加剧及其驱动因素进行了广泛而深入研究(Guo et al.,2019;Yang et al.,2019;Shu et al.,2016;Sun et al.,2019),并得到了一些有意义的结果,认为在O_3前体物大量排放的条件下,光化学反应加剧是我国O_3污染的重要原因之一(符传博 等,2021a)。气象因子和气候变化都会显著地影响O_3浓度的变化,高强度的紫外辐射配合高温低湿的气象条件能有效提升光化学反应生成速率,较小的风速和有利风向会对O_3的传输及消散产生作用(符传博 等,2021b),天气系统(如台风等)出现频率和大气环流形势改变等,对O_3的水平扩散和传输都会有影响(孙家仁 等,2011)。在O_3敏感性分析方面,我国超大城市几乎都是VOCs控制区(耿福海 等,2012),而中小城市则受NO_x控制(Guo et al.,2019),东部部分城市为混合敏感区(Wang et al.,2019)。目前,针对O_3生成敏感性方面的研究方法主要有三大类,分别是基于观测数据与观测模型方法,基于源排放清单与空气质量模型方法和基于卫星遥感数据方法(晏洋洋 等,2022)。3种研究方法都有各自的优势与缺点,基于观测数据与观测模型方法可以避免排放源清单带来的不确定性,但其对观测数据的准确性和代表性有较高要求;基于源排放清单与空气质量模型方法可以直观地给出O_3生成敏感性,但受到排放清单与模型的不确定影响较大;虽然基于卫星遥感数据方法反演存在一定的误差(陈瑜萍,2020),但它具有覆盖面广、连续观测和成本低等优点,已被广泛引用于O_3生成敏感性的研究中,如单源源等(2016)利用2005—2014年臭氧层监测仪(OMI)卫星资料,研究发现鲁豫晋、京津冀、长三角及珠三角地区中心城市属于 VOCs 控制区。武卫玲等(2018)的研究表明北京、太原、石家庄等城市中心及工业较发达地区受 VOCs 控制;庄立跃等(2019)的研究认为珠三角中部为 VOCs 控制区,而珠三角边缘地带为 NO_x 控制区。

海南岛是我国第二大岛屿,地处热带,气候暖热湿润,常以环境优美和空气质量好著称(王春乙,2014)。然而近些年海南岛 O_3 污染事件也屡见报道(赵蕾 等,2019;符传博 等,2021d)。相较于其他污染物,海南岛 O_3 污染防控有两方面的难点,一方面是海南岛处于热带地区,年平均气温较高,日照时间较长,太阳辐射较强,气象条件有利于 O_3 的生成;另一方面是海南岛毗邻广东珠三角地区,冬半年在偏北气流的影响下有利于 O_3 及前体物由源区向海南岛输送,外源输送偏强增加了海南岛 O_3 污染的复杂性。目前关于海南岛 O_3 浓度长期变化趋势的研究涉及较少,利用卫星反演资料进行 O_3 敏感性分析还未见报道。本章基于 2015—2020 年海南岛 32 个空气质量国家控制站(国控站) O_3、NO_2(NO_2-监测)和 CO(CO-监测)监测数据,18 个市(县)气象观测数据,以及 OMI 卫星遥感的对流层 NO_2(NO_2-OMI)和甲醛(HCHO-OMI)垂直柱浓度资料,全面分析了海南岛 O_3 生成敏感性,以期为政府部门制定和实施有效的 O_3 污染防控措施提供科学支撑。

7.1 资料与方法

7.1.1 研究资料

OMI 是美国国家航空航天局(NASA)的地球观测卫星 Agua 上搭载的四个传感器之一,该卫星于 2004 年 7 月发射进入太阳同步轨道。OMI 包含两个紫外光通道和一个可见光通道,光谱分辨率为 0.42~0.63 nm,空间分辨率约为 13 km^2×24 km^2。OMI 主要检测的大气成分有 NO_2、HCHO、SO_2、溴氧化物(BrO)、二氧化氯(OClO)和气溶胶等。卫星对于对流层痕量气体的反演具有不确定性,这与云量、地表反照率、痕量气体廓线、平流层柱浓度和大气气溶胶等因素有关(Boersma et al.,2004)。Celarier 等(2008)和 Lamsal 等(2014)的研究发现,受云量的影响,OMI 卫星分辨率为 0.25°和 0.125°的对流层 NO_2 柱浓度数据的总不确定性分别约为 20%和 15%。比利时太空宇航研究院(BIRA-IASB)研究发现,OMI 对流层 HCHO 柱浓度数据目前总不确定性约为 25%(Baek et al.,2014)。另外,考虑到海南岛面积过小,本章选取 OMI 卫星反演的 3 级产品进行分析,同时为了区别卫星反演数据与地基监测数据的区别,所用的卫星资料分别记为 NO_2-OMI 和 HCHO-OMI,空间分辨率分别为 0.125°×0.125° 和 0.05°×0.05°,数据下载自网站:http://www.qa4ecv.eu。

7.1.2 研究方法

本章采用的是基于卫星遥感数据来分析海南岛 O_3 生成敏感性指标(FNR),其计算公式如下:

$$I_{FNR} = c(OCHO)/c(NO_2) \tag{7.1}$$

式中,I_{FNR} 为敏感性指标值,$c(HCHO)$ 为 HCHO-OMI 柱浓度,$c(NO_2)$ 为 NO_2-OMI 柱浓度,FNR 为二者比值。最早的 FNR 阈值划分是 Duncan 等(2010)给出的标准,即 FNR<1 表示 O_3 受 VOCs 控制,FNR>2 表示 O_3 受 NO_x 控制,在 1 和 2 之间时,表示 O_3 受 VOCs-NO_x 协同

控制。由于该阈值划分标准是基于美国环境背景下通过模型模拟得到的,因此不一定适合我国的实际情况。Jin 等(2015,2020)在其基础上,结合我国大气中气溶胶浓度较高的特点,将 O_3 生成敏感性协同控制区 FNR 的阈值提高至 2.3～4.2,即 FNR 在 2.3～4.2 受 VOCs-NO_x 协同控制,而 FNR＜2.3 则受 VOCs 控制,FNR＞4.2 则受 NO_x 控制。本研究选取 Jin 等(2015,2020)规定的敏感性阈值。此外,本章还用到了趋势系数和气候倾向率方法,具体参看第 2.1.2 节。

7.2　结果与分析

7.2.1　海南岛臭氧前体物浓度空间分布

图 7.1 展示了 2015—2020 年平均的 NO_2-OMI 与 HCHO-OMI 柱浓度空间分布。从图 7.1a 中可以看出,海南岛 NO_2-OMI 柱浓度呈现北部和西部偏高,中部、东部和南部偏低的分布特征。NO_2-OMI 柱浓度超过 $1.5 \times 10^{15}\,\text{molec} \cdot \text{cm}^{-2}$ 的市(县)有 6 个,包括北部的海口市、临高县、澄迈县、定安县,以及西部的昌江县和东方市,最大值出现在海口市,达到了 $2.03 \times 10^{15}\,\text{molec} \cdot \text{cm}^{-2}$。海口市作为海南省的省会城市,其常住人口、工业排放和机动车保有量等均远远超过其他市(县),致使 NO_2-OMI 柱浓度也呈现较高水平(符传博 等,2016b)。最低值出现在东部的万宁市,只为 $1.03 \times 10^{15}\,\text{molec} \cdot \text{cm}^{-2}$。HCHO-OMI 柱浓度分布特征与 NO_2-OMI 柱浓度有所不同(图 7.1b),其大值区主要分布在北部、西部和南部,而中部和东部偏低。HCHO-OMI 柱浓度超过 $9 \times 10^{15}\,\text{molec} \cdot \text{cm}^{-2}$ 的市(县)达到了 10 个,主要分布在北部、西部和南部,其中最大值出现在西部的东方市,达到了 $10.48 \times 10^{15}\,\text{molec} \cdot \text{cm}^{-2}$。最小值则出现在东部的琼海市,为 $7.38 \times 10^{15}\,\text{molec} \cdot \text{cm}^{-2}$。

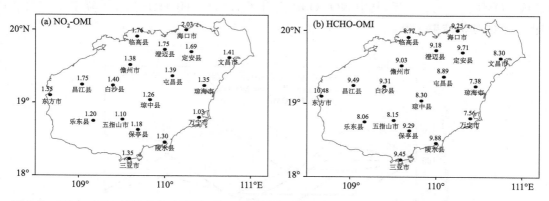

图 7.1　2015—2020 年海南岛对流层 NO_2-OMI(a)和 HCHO-OMI(b)柱浓度(单位:$10^{15}\,\text{molec} \cdot \text{cm}^{-2}$)空间分布

7.2.2　海南岛臭氧前体物浓度变化趋势

图 7.2 为 NO_2-OMI 与 HCHO-OMI 柱浓度的气候倾向率。从图中可以发现,2015—2020 年共有 11 个市(县)NO_2-OMI 柱浓度呈上升的变化趋势,其中上升相对较快的市(县)有儋州市和陵水县,上升幅度超过了 $0.06 \times 10^{15}\,\text{molec} \cdot (\text{cm}^2 \cdot \text{a})^{-1}$。北部和西部的 6 个市(县)

NO_2-OMI 柱浓度呈下降的变化趋势,其中临高县下降最快,幅度为 -0.037×10^{15} molec · $(cm^2·a)^{-1}$。与 NO_2-OMI 柱浓度不同,海南岛大部分地区 HCHO-OMI 柱浓度呈下降的变化特征,达到了 13 个市(县),只有分布在北部和东部的 5 个市(县)表现为上升趋势。NO_2-OMI 与 HCHO-OMI 柱浓度表现出的相反变化趋势值得关注。

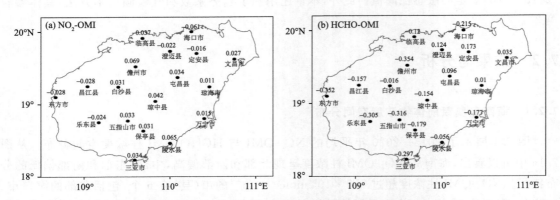

图 7.2　海南岛对流层 NO_2-OMI(a)和 HCHO-OMI(b)柱浓度气候倾向率(单位:10^{15} molec · $(cm^2·a)^{-1}$)

7.2.3　海南岛臭氧前体物浓度年际变化

图 7.3 进一步给出了 2015—2020 年海南岛 O_3-8h 浓度及前体物的变化特征,其中前体物包括 NO_2-监测、CO-监测、NO_2-OMI 和 HCHO-OMI 等。纵坐标表示每年污染物浓度与 2015 年的比值。相较于 2015 年,2020 年海南岛 O_3-8h 浓度下降了 10.6%。NO_2-监测和 CO-监测表现为快速的下降趋势,2020 年较 2015 年下降幅度分别为 22.3% 和 24.9%。NO_2-OMI 和 HCHO-OMI 变化趋势相反,其中 NO_2-OMI 上升了 7.74%,HCHO-OMI 下降了 10.2%。这与上一节的分析结果一致。

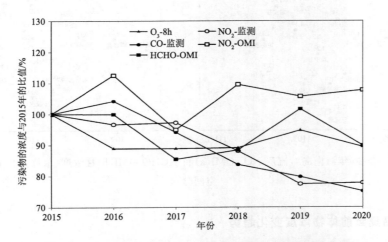

图 7.3　2015—2020 年海南岛 O_3-8h 浓度及其前体物的变化

7.2.4　海南岛臭氧前体物浓度季节变化

7.2.4.1　NO$_2$-OMI 柱浓度季节变化

图 7.4 为海南岛四季 NO$_2$-OMI 柱浓度空间分布。总体而言,四季 NO$_2$-OMI 柱浓度空间分布与年平均一致,大体上表现为北部和西部偏高,东部、中部和南部偏低的分布特征。从不同季节看,春季是 NO$_2$-OMI 柱浓度最高的季节,西部和北部市(县)NO$_2$-OMI 柱浓度普遍在 1.8×10^{15} molec · cm^{-2} 以上,其中海口市为 2.44×10^{15} molec · cm^{-2},为全岛最高值。中部、东部和南部基本在 1.5×10^{15} molec · cm^{-2} 以下。冬季和秋季全岛平均的 NO$_2$-OMI 柱浓度(表7.1)略有下降,但冬季北部的澄迈县和定安县 NO$_2$-OMI 柱浓度分别上升至 2.99×10^{15} molec · cm^{-2} 和 2.53×10^{15} molec · cm^{-2},局地的 NO$_2$ 污染值得关注。夏季受降水偏多和偏南气流的影响,海南岛 NO$_2$-OMI 柱浓度相对偏低,基本在 2.3×10^{15} molec · cm^{-2} 以下,特别是东部地区,NO$_2$-OMI 柱浓度小于 1×10^{15} molec · cm^{-2}。

图 7.5 进一步给出了海南岛平均的四季 NO$_2$-OMI 柱浓度年际变化。从中可知,近 6 年春季海南岛 NO$_2$-OMI 柱浓度有弱的下降趋势,而夏季、秋季和冬季则表现为上升趋势,其中秋季 NO$_2$-OMI 柱浓度的气候倾向率和气候趋势系数分别为 0.03×10^{15} molec · (cm^2 · a)$^{-1}$ 和 0.819(表 7.1),通过了 98% 的信度检验,其余 3 个季节趋势系数没有通过信度检验。结合第 2.2.4 节可知,秋季海南岛 O$_3$-8h 浓度表现为显著的上升趋势,这可能与该季节 NO$_2$-OMI 柱浓度的快速上升有密切关系,其内在的形成机理还有待于进一步研究。

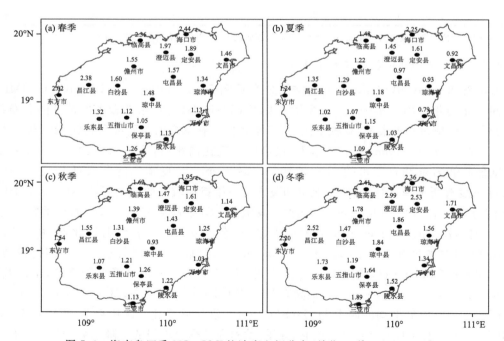

图 7.4　海南岛四季 NO$_2$-OMI 柱浓度空间分布(单位:10^{15} molec · cm^{-2})

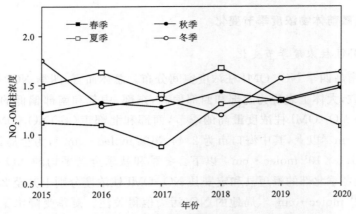

图 7.5　2015—2020 年海南岛四季 NO_2-OMI 柱浓度年际变化（单位：$10^{15}\,molec \cdot cm^{-2}$）

表 7.1　2015—2020 年海南岛 NO_2-OMI 柱浓度的年平均和四季变化趋势

项目	平均值/ （$10^{15}\,molec \cdot cm^{-2}$）	均方差/ （$10^{15}\,molec \cdot cm^{-2}$）	气候倾向率/ （$10^{15}\,molec \cdot (cm^2 \cdot a)^{-1}$）	气候趋 势系数	信度检验
年平均	1.34	0.08	0.01	0.271	不显著
春季	1.51	0.12	−0.01	−0.238	不显著
夏季	1.14	0.16	0.02	0.313	不显著
秋季	1.34	0.09	0.03	0.819	98%
冬季	1.47	0.20	0.01	0.024	不显著

注：表中平均值用海南岛全岛的格点数据计算，不同于前面提到的 18 个站点的平均值。下同

7.2.4.2　HCHO-OMI 柱浓度季节变化

海南岛四季 HCHO-OMI 柱浓度空间分布见图 7.6。从中可知，四季 HCHO-OMI 柱浓度空间分布与年平均基本一致，表现为北部、西部和南部偏高，东部和中部偏低的分布特征。季节变化上表现为春季最高，夏秋季次之，冬季最低。春季海南岛西部和北部 HCHO-OMI 柱浓度普遍在 $12 \times 10^{15}\,molec \cdot cm^{-2}$ 以上，最高值出现在儋州市，为 $16.81 \times 10^{15}\,molec \cdot cm^{-2}$。柱浓度最低值为东部万宁市的 $9.82 \times 10^{15}\,molec \cdot cm^{-2}$。夏季海南岛大部分区域 HCHO-OMI 柱浓度有所下降，但南部的三亚市和陵水县还维持在较高的浓度值，其中三亚市 HCHO-OMI 值为 $12.41 \times 10^{15}\,molec \cdot cm^{-2}$，为全岛最高值。夏季高温有助于人为源和生物源 VOCs 的挥发和排放（Guenther et al.，1991；蔡志全 等，2002）。秋季海南岛北部、中部和东部 HCHO-OMI 柱浓度基本都下降至 $9 \times 10^{15}\,molec \cdot cm^{-2}$ 以下，西部的东方市还维持较高的浓度（$11.63 \times 10^{15}\,molec \cdot cm^{-2}$）。冬季是海南岛 HCHO-OMI 柱浓度最低的季节，全岛基本分布在 $4 \times 10^{15} \sim 8 \times 10^{15}\,molec \cdot cm^{-2}$。最高值出现在南部的三亚市，为 $10.22 \times 10^{15}\,molec \cdot cm^{-2}$。

图 7.7 为海南岛平均的四季 HCHO-OMI 柱浓度年际变化。图中表明，近 6 年春季海南岛 HCHO-OMI 柱浓度没有明显的变化，夏季、秋季和冬季出现弱的下降趋势，气候倾向率分别为 $-0.03\,molec \cdot (cm^2 \cdot a)^{-1}$、$-0.13\,molec \cdot (cm^2 \cdot a)^{-1}$ 和 $-0.18 \times 10^{15}\,molec \cdot (cm^2 \cdot a)^{-1}$（表 7.2），趋势系数分别为 -0.090、-0.400 和 -0.476，均没有通过信度检验，HCHO-OMI 柱浓度下降并不明显。

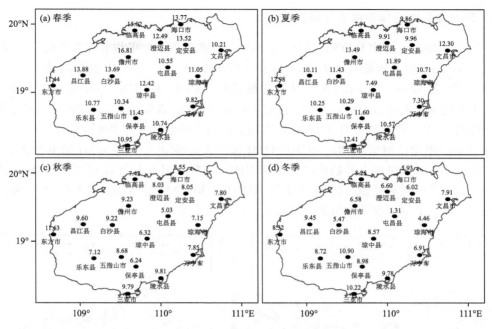

图 7.6　海南岛四季 HCHO-OMI 柱浓度空间分布（单位：10^{15} molec·cm^{-2}）

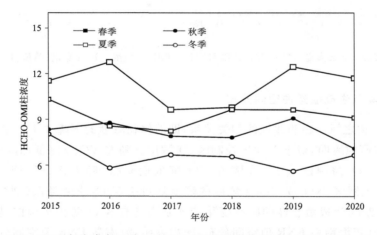

图 7.7　2015—2020 年海南岛四季 HCHO-OMI 柱浓度年际变化（单位：10^{15} molec·cm^{-2}）

表 7.2　2015—2020 年海南岛 HCHO—OMI 柱浓度的年平均值和四季变化趋势

项目	平均值/ (10^{15} molec·cm^{-2})	均方差/ (10^{15} molec·cm^{-2})	气候倾向率/ (10^{15} molec·(cm^2·a)$^{-1}$)	气候趋势系数	信度检验
年平均	8.78	0.60	−0.10	−0.323	不显著
春季	11.31	1.21	0	0.007	不显著
夏季	9.25	0.70	−0.03	−0.090	不显著
秋季	8.17	0.65	−0.13	−0.400	不显著
冬季	6.56	0.77	−0.18	−0.476	不显著

7.2.5 海南岛臭氧前体物浓度月际变化

图7.8分别给出了NO₂-OMI和HCHO-OMI柱浓度近6年平均的逐月变化。平均而言，海南岛NO₂-OMI值基本维持在$1\times10^{15}\sim2\times10^{15}$ molec·cm⁻²。1—3月呈波动式上升，并在3月达到最高值，随后快速下降，在7月达到最低值。8—12月NO₂-OMI值表现为波动上升趋势。从不同年份上看，2016年1—3月NO₂-OMI值明显偏高于其他年份，4—12月分布在平均值附近。2018年大部分月份偏高于平均值，2017年偏小于平均值，2015年、2019年和2020年基本在平均值附近摆动。HCHO-OMI值的逐月变化与NO₂-OMI值有所不同，1—4月HCHO-OMI值呈快速上升趋势，4月是HCHO-OMI值最高月份，随后表现为稳定的下降趋势，并于12月达到最低值。2016年4月HCHO-OMI值明显偏高其他年份，其余月份接近平均值。其他年份基本在平均值附近波动。

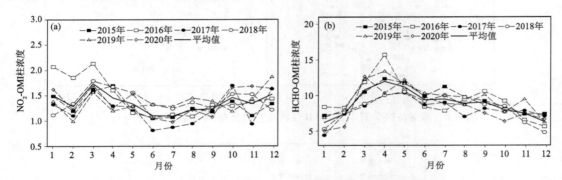

图7.8 2015—2020年海南岛NO₂-OMI(a)和HCHO-OMI(b)柱浓度逐月变化(单位:10^{15} molec·cm⁻²)

7.2.6 海南岛臭氧生成敏感性空间分布

O₃及其前体物之间存在非线性的相关关系，即前体物浓度的下降并不一定会导致O₃浓度相应地下降。有研究表明，对于VOCs控制区，O₃浓度会随着VOCs降低而降低，随着NO$_x$降低而增加；对于NO$_x$控制区，O₃浓度随着NO$_x$降低而降低，随着VOCs降低而增加；对于VOCs-NO$_x$协同控制区，NO$_x$或VOCs浓度的降低均可引起O₃浓度降低（刘楚薇 等，2020）。因此，明确海南岛O₃生成敏感性的时空变化特征是实施有效O₃防控措施的基础。图7.9给出了2015—2020年海南岛FNR值空间分布，图中表明，海南岛FNR值空间分布呈自北向南递增的变化特征，且各个市(县)FNR值均大于4.5，属于NO$_x$控制区。海南岛FNR值基本分布在5～8，其中北部的海口市FNR值最小，为4.64；南部的保亭县FNR值最大，达到了8.05。

7.2.7 海南岛臭氧生成敏感性变化趋势

图7.10进一步给出了海南岛FNR气候倾向率，从中可知，各个市(县)FNR值近6年主要表现出下降的趋势，其中FNR气候倾向率绝对值的最大值出现在西部的儋州市，FNR值气候倾向率达到了-0.6 a⁻¹，其次是中部的五指山市，为-0.56 a⁻¹。北部和西部市(县)FNR气候倾向率变化不大，基本在$-0.1\sim0$ a⁻¹附近。

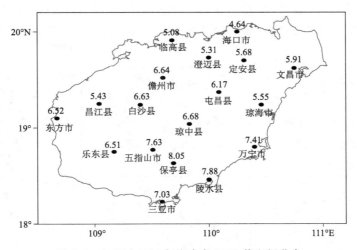

图 7.9 2015—2020 年海南岛 FNR 值空间分布

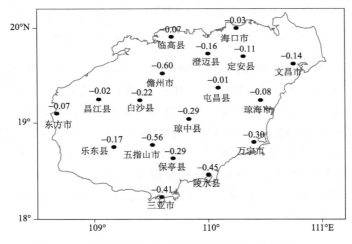

图 7.10 海南岛年平均 FNR 值气候倾向率(单位:a^{-1})

7.2.8 海南岛臭氧生成敏感性年际变化

图 7.11 给出了海南岛 2015—2020 年 FNR 值的逐年变化。图中可知,近 6 年海南岛 FNR 值空间分布也基本呈由北向南递增的变化特征。从不同年份上看,2015 年海南岛 FNR 值总体偏高,五指山以南地区基本在 8 以上,最高值出现在陵水县,FNR 值为 9.58,五指山以北地区 FNR 值分布在 5~9。2016 年 FNR 值明显下降,全岛大部分地区 FNR 值分布在 4~9,只有中部的五指山市为 10.33。2017 年海南岛 FNR 值偏高的市(县)主要分布在中部和南部,北部、东部和西部偏低。2018 年是近 6 年来 FNR 值最低的一年,全岛大部分地区都分布在 4~7,只有陵水县和保亭县 FNR 值超过 7。2019 年 FNR 值明显偏高,大部分市(县)在 6~8,大值区分布在中部山区。2020 年 FNR 值有所下降,其中中部山区下降较为明显。总体而言,海南岛不同年份 FNR 值变化较大,2016 年和 2020 年 FNR 值偏低的年份,北部的海口市 FNR 值下降至 4.2 以下,属于 VOCs-NO$_x$ 协同控制区,而其余市(县)均在 4.2 以上,属于 NO$_x$

控制区;其他年份各个市(县)FNR 值均在 4.2 以上,均属于 NO$_x$ 控制区。6 年全岛平均的 FNR 值从大到小排列为:2015 年>2019 年>2017 年>2016 年>2020 年>2018 年(表 7.3)。

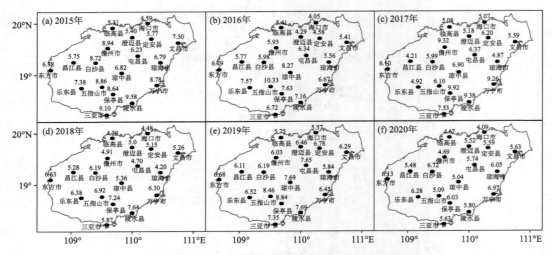

图 7.11 2015—2020 年海南岛 FNR 值逐年变化

2015—2020 年海南岛平均的 HCHO-OMI、NO$_2$-OMI 和 FNR 值年际变化如图 7.12 所示。从中可以发现,近 6 年海南岛 HCHO-OMI 和 FNR 值呈波动式的下降趋势,而 NO$_2$-OMI 呈缓慢上升趋势。其中,FNR 趋势系数和气候倾向率分别为 -0.514 和 -0.123 a^{-1},表明海南岛 O$_3$ 生成敏感性有逐渐趋向于受 VOCs-NO$_x$ 协同控制区的转变,近年来海南岛经济呈快速发展趋势,汽车保有量增长明显(符传博 等,2016b),导致 VOCs 和 NO$_x$ 排放比率发生变化;此外,在全球变化的背景下,海南岛气象要素也在逐渐发生变化;同时海南岛污染物在冬季风的影响下,外源输送影响严重(符传博 等,2021d),海南岛 O$_3$ 生成敏感性影响因素复杂,其内在原因还有待进一步分析。

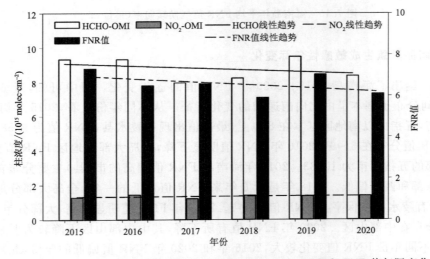

图 7.12 2015—2020 年海南岛平均的 HCHO-OMI、NO$_2$-OMI 和 FNR 值年际变化

表 7.3　2015—2020 年海南岛 FNR 值和气象要素的对比

年份	FNR 值	平均气温/℃	降水量/mm	太阳总辐射/(MJ·m^{-2})	日照时数/(h·d^{-1})	相对湿度/%	平均风速/(m·s^{-1})	气压/hPa
2015	7.32	25.13	1380.1	16.28	6.22	81.66	2.08	998.20
2016	6.50	24.70	2218.8	14.70	5.35	83.40	2.02	997.64
2017	6.59	24.67	1983.2	14.67	5.16	83.61	1.98	998.05
2018	5.91	24.43	2086.7	15.35	5.35	82.49	1.93	997.61
2019	7.04	25.49	1654.2	15.99	5.79	80.99	1.92	997.52
2020	6.10	25.08	1610.1	14.94	5.06	80.96	2.11	997.68

7.2.9　气象条件对海南岛臭氧生成敏感性的影响

O$_3$ 前体物的本地源排放主要包括人为源和自然源，NO$_x$ 人为源包括化石燃料燃烧和生物质燃烧，自然源燃烧包括闪电过程、土壤排放和平流层输送等；VOCs 的人为源包括化石燃料燃烧、油品挥发和溶剂挥发等，自然源包括植被和动物排放的 VOCs 等（Beirle et al.，2011）。气象条件的变化会影响 O$_3$ 前体物自然源排放，同时改变光化学反应速率，进而影响 O$_3$ 生成敏感性。图 7.13 给出了 2015—2020 年海南岛月平均 FNR 值与气象因子的相关性。从中可以看出，海南岛月平均 FNR 值基本在 4.2 以上，属于 NO$_x$ 控制区。FNR 值与降水量、日照时数、平均气温和太阳总辐射呈正相关关系，表明降水量偏多，日照时数偏长、平均气温偏高和太阳总辐射偏强，有利于海南岛 O$_3$ 生成敏感性趋向于受 NO$_x$ 控制，其相关系数（表 7.4）分别为 0.171（降水量）、0.508（日照时数）、0.541（平均气温）和 0.564（太阳总辐射），其中与降水量、

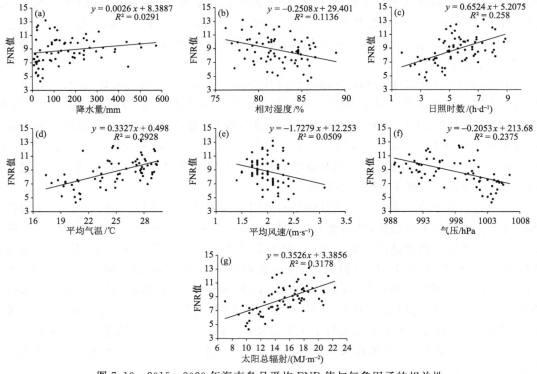

图 7.13　2015—2020 年海南岛月平均 FNR 值与气象因子的相关性

日照时数和平均气温的相关系数均通过99%的信度检验。海南岛FNR值与相对湿度、平均风速和气压呈负相关关系,表明相对湿度偏高、平均风速偏大和气压偏高,有利于海南岛O_3生成敏感性趋向于受VOCs-NO_x协同控制。其相关系数分别为-0.337(相对湿度)、-0.226(平均风速)和-0.487(气压),其中与相对湿度和气压的相关系数通过了99%的信度检验,与平均风速的相关系数通过了95%的信度检验。FNR值的变化,除了与气象因子有关外,还与本地污染物排放和区域传输有关,相关研究还有待于进一步开展。

表7.4   2015—2020年月平均FNR值与气象因子的相关系数

平均气温	降水量	太阳总辐射	日照时数	相对湿度	平均风速	气压
0.541**	0.171	0.564**	0.508**	−0.337**	−0.226*	−0.487**

注:*表示通过95%的信度检验;**表示通过99%的信度检验。

7.3   结论与讨论

(1)海南岛NO_2-OMI柱浓度呈现北部和西部偏高,中部、东部和南部偏低的分布特征;而HCHO-OMI柱浓度大值区主要分布在北部、西部和南部,而中部和东部偏低。2015—2020年海南岛NO_2-OMI和HCHO-OMI柱浓度呈相反的变化趋势,相较于2015年,2020年NO_2-OMI柱浓度上升了7.74%,HCHO-OMI柱浓度下降了10.2%。

(2)海南岛四季NO_2-OMI值空间分布与年平均一致,大体上表现为北部和西部偏高,东部、中部和南部偏低的分布特征。春季最高,冬季和秋季次之,夏季最低。近6年春季海南岛NO_2-OMI柱浓度有弱的下降趋势,而夏季、秋季和冬季则表现为上升趋势,其中秋季NO_2-OMI柱浓度的气候倾向率和气候趋势系数分别为0.03×10^{15} molec·$(cm^2 \cdot a)^{-1}$和0.819,通过了98%的信度检验,其余3个季节趋势系数没有通过信度检验,这与秋季海南岛O_3-8h浓度的快速上升密切相关。

(3)海南岛四季HCHO-OMI柱浓度空间分布与年平均基本一致,表现为北部、西部和南部偏高,东部和中部偏低的分布特征。季节变化上表现为春季最高,夏秋季次之,冬季最低。近6年春季海南岛HCHO-OMI柱浓度没有明显的变化,夏季、秋季和冬季出现弱的下降趋势,气候倾向率分别为-0.03 molec·$(cm^2 \cdot a)^{-1}$、-0.13 molec·$(cm^2 \cdot a)^{-1}$和-0.18×10^{15} molec·$(cm^2 \cdot a)^{-1}$(表7.2),趋势系数分别为-0.09、-0.4和-0.476,均没有通过信度检验,HCHO-OMI柱浓度下降并不明显。

(4)海南岛属于NO_x控制区,FNR值呈自北向南递增的分布特征。2015—2020年海南岛FNR值呈波动式的下降趋势,其趋势系数和气候倾向率分别为-0.514和-0.123 a^{-1},海南岛O_3生成敏感性有逐渐趋向于受VOCs-NO_x协同控制的转变。海南岛不同年份FNR值变化较大,2016年和2020年FNR值偏低的年份,北部的海口市FNR值下降至4.2以下,属于VOCs-NO_x协同控制区,而其余市(县)均在4.2以上,属于NO_x控制区;其他年份各个市(县)FNR值均在4.2以上,均属于NO_x控制区。海南岛FNR值与气象因子关系密切,其中与降水量、日照时数、平均气温和太阳总辐射呈正相关关系,与相对湿度、平均风速和气压呈负相关关系。其中与相对湿度和气压的相关系数通过了99%的信度检验,与平均风速的相关系数通过了95%的信度检验。

第8章　海南岛臭氧浓度统计预报技术

近年来,随着"大气污染防治行动计划"等一系列大气治理工作的开展和落实,以及产业结构调整的持续推进,我国 $PM_{2.5}$ 和 PM_{10} 等一次污染物的治理已经得到有效控制,但臭氧(O_3)等二次污染物的治理并未得到有效改善(Wang et al.,2017;符传博 等,2021a)。根据生态环境部门的监测数据显示(中华人民共和国生态环境保护部,2022),2021 年京津冀及周边地区、长三角地区和汾渭平原以 O_3 为首要污染物的超标天数占总超标天数分别为 41.8%、55.4% 和 39.3%,而全国 339 个地级及以上城市,以 O_3 为首要污染物的超标天数占总超标天数的比例只有 34.7%,表明 O_3 已经成为影响我国重要区域大气环境的首要污染物,其形成机理更为复杂,污染防控难度更大(Chen,2021;Li et al.,2021b)。O_3 作为一种极其不稳定的有毒气体,其浓度上升会严重影响公众健康和社会形象(Chen et al.,2017;Wang et al.,2021c),准确预报城市 O_3 污染状况有助于建立有效的大气污染预警机制和采取灵活的控制政策减轻大气污染(陈辰 等,2022)。

空气污染预报方法主要分为潜势预报、统计预报和数值预报 3 种(任万辉 等,2010)。潜势预报是对影响空气中污染物的聚集、扩散等气象条件和背景场进行预报,属于定性预报。这一方法比较单一,仅分析气象条件或气象因子等要素,缺乏污染源和其他相关因素的结合分析,预报结果可能存在较大偏差(黄晓娴 等,2012;张莹 等,2018)。近年来,大量学者对潜势预报的研究升级为各种大气污染物指数的研究,如静稳指数(张敏 等,2020)、空气质量影响气象条件指数(PLAM)(王继志 等,2013)、大气自净能力系数(朱蓉 等,2018)和大气扩散能力指数(毛敏娟 等,2019)等,对大气的静稳情况有一定的指示意义。统计预报和数值预报可以直接给出大气污染物浓度预报结果,属于定量预报。数值预报以大气动力学理论为基础,通过数值求解物质守恒数学模型或其在各种近似条件下的简化形式,进而得到各种污染过程演变特征,解析污染物的来源和去向,模拟预测应急控制效果等(王自发 等,2008)。目前大气环境数值模型先后发展出了三代,第一代为拉格朗日轨迹模型(裴成磊 等,2021),在局地范围内少数污染物的预报应用较为广泛;第二代为欧拉网格模型(Gene et al.,2010),包括城市大气质量模型(UAM)、区域酸沉降模型(RADM1 和 RADM2)和区域氧化物模型(ROM);第三代为区域多尺度空气质量模型(Model-3/CMAQ)(Arnold et al.,2003),由美国环保局 1998 年提出,随后做了进一步完善。数值预报具有较为完善的理论基础,能够定量给出区域内不同大气污染物的传输、扩散、转化以及沉降过程,但同时要求也较高,如气象背景场需要相对准确,排放源清单尽可能完备,污染物扩散过程的物理化学模型相对合理等,这一定程度上对数值预报方法的广泛应用形成了限制(高雅 等,2022)。统计预报是指利用长期气象与污染物浓度变化资料,针对特定区域或城市建立影响因子与污染物浓度之间定量或半定量的关系。与数值预报不同,统计预报不涉及太多的大气化学和大气动力学理论,只需分析影响要素与污染物发展规律就可完成预报(李颖若 等,2021)。早期的统计预报主要分为 3 类:回归模型、分类法和趋势外推法(姜有山 等,2007),其中回归模型在空气质量预报领域应用较为广泛,如沈劲等(2015)利用气象因子聚类与多元线性回归方法(MLR),开发了可以较好模拟顺德区多种环境要素的预报模型。李颖若等(2019)采用 MLR 方法,定量评估了气象条件和空气污染控制措施对亚太经济合作组织(APEC)期间北京空气质量的影响,结果表明基于气象因子建立的 MLR 模型效果较好。近十几年,随着大数据时代的来临,基于统计学和人工智能发展而来的机器学习快速崛起并得到广泛应用(魏煜 等,2021),常见的机器学习方法包括支持向量机(SVM)、BP 神经网络(BPNN)和贝叶斯网络等(芦华 等,2020)。苏筱倩等(2019)利用 SVM 方法预报了南京 2016 年 5 月高污染期间 O_3 浓度,发现该方法比 MLR 具有明显优势。朱媛媛等(2022)评估了 BPNN 方法在京津冀地区 O_3 浓度预报效果,发现 BPNN 方法在 O_3 超标情况多发的月份预报效果较好。

海南岛位于南海北部,气候暖热湿润,环境优美(王春乙,2014)。近年来,随着社会经济的快速增长,O_3 污染事件也时有发生(赵蕾 等,2019;符传博 等,2021d),O_3 已经成为制约海南岛空气质量持续改善的主要大气污染物。一方面,海南岛地处热带,常年气温较高,日照时间长,太阳辐射强,气象条件较有利于光化学反应的发生;另一方面海南岛毗邻珠三角地区,冬季风携带而来的北方 O_3 及其前体物进一步增加了海南岛 O_3 污染的复杂性(符传博 等,2021b)。目前对于海南岛 O_3 浓度预报的方法研究,主要集中于数值预报模式(符传博 等,2019),而基于统计模型的 O_3 浓度预报的研究较少。为了更好地实现气象部门和生态环境部门 O_3 浓度预报工作的开展和预报质量的提高,本章利用 2015—2020 年海南岛的 O_3-8h 浓度和同期的 EAR5资料,基于污染物浓度控制方程,在考虑垂直边界层内各气象要素后对预报因子进行筛选,并利用 MLR(符传博 等,2022a;步巧利 等,2022)、SVM(苏筱倩 等,2019)和 BPNN 方法(朱媛媛 等,2022)构建海南岛 O_3 浓度预报模型,利用观测数据对 2021 年的预报结果进行了检验,以期为海南岛行之有效的 O_3 污染防治提供依据和参考。

8.1 资料与方法

8.1.1 研究资料

本章主要采用了海南岛 18 个市(县)共 32 个站点平均的 2015—2021 年 O_3 浓度逐时数据,O_3 浓度超标值参考标准《环境空气质量指数(AQI)技术规定》(HJ 633—2012)和《环境空气质量标准》(GB 3095—2012),O_3-8h 浓度等级标准:0~100 $\mu g \cdot m^{-3}$ 为优;101~160 $\mu g \cdot m^{-3}$ 为良;161~215 $\mu g \cdot m^{-3}$ 为轻度污染;216~265 $\mu g \cdot m^{-3}$ 为中度污染;266~800 $\mu g \cdot m^{-3}$ 为重度污染。其中大于 160 $\mu g \cdot m^{-3}$ 时,为 O_3 超标日。为了将垂直边界层内各气象要素作为预报因子纳入统计模型中,再分析资料使用了 ECMWF 发布的 ERA5(朱景 等,2019),数据源自哥白尼气候变化服务中心数据库(https://cds.climate.copernicus.eu),时间分辨率为 1 h,空间分辨率为 0.25°×0.25°,要素包括 1000~850 hPa 的气温、相对湿度、水平风向和风速等,以及近地面的边界层高度、地面气压、总降水量、总云量和地表太阳辐射。

8.1.2　研究方法

本章的基本思路是利用 2015—2020 年挑选出来的海南岛平均的气象因子和 O_3-8h 浓度资料进行 MLR 建模，同时进行 SVM 和 BPNN 方法训练，最后利用 2021 年的 O_3-8h 浓度观测值对 3 个统计模型的预报结果进行检验。具体步骤如下。

（1）根据污染物浓度控制方程，首先挑选出海南岛不同层次的气象因子作为预选因子，包括与 O_3-8h 浓度相关的 1000～850 hPa 高空因子和地面因子，海南岛经纬度取为 18.1°—20.22°N、108.45°—111.2°E。

（2）分别计算出 2015—2020 年海南岛平均的逐日 O_3-8h 浓度与各个预选因子的相关系数，根据相关系数绝对值大小进行排序，且基于预报因子的多元性原则，挑选数值较大的气象因子作为预报因子，同时尽量避免同种因子相邻气压层或同一高度相似气象因子被挑选。

（3）基于 2015—2020 年挑选出来的数据，构建 MLR 方程并对 2021 年海南岛平均的 O_3-8h 浓度进行预报。SVM 和 BPNN 的做法是随机抽取 2015—2020 年中 70% 的数据作为训练数据集，剩余的 30% 用作验证数据集并对各个参数权重进行调试。其中 SVM 模型核函数为 RBF，核函数系数为 4.1，错误项的惩罚因子为 100，训练的标准误差（RMSE）为 14.72 $\mu g \cdot m^{-3}$，测试的 RMSE 为 19.29 $\mu g \cdot m^{-3}$。BPNN 采用了 3 层隐含层，为了抑制过拟合，加入 Dropout 函数，丢弃率设置为 0.05，采用前馈神经网络运算，其中激励函数采用 Relu，学习率为 0.01。最后基于稳定的 SVM 和 BPNN 模型，将 2021 年的预报因子代入模型并进行预报。此外，为避免各因子间数量级差异造成的预报误差，所有的气象因子都进行了归一化处理。

在对 3 个统计模型 2021 年海南岛平均的 O_3-8h 浓度预报结果进行评估时，主要选择标准误差（RMSE）、平均偏差（MB）、归一化偏差（MNB）和相关系数来进行。RMSE 能反映出预报值和观测值的差值，MB 的大小主要表示样本总体预报值比观测值偏大或偏小的数值，MNB 反映的是预报值比观测值偏大或偏小的程度，而相关系数表示了预报值与观测值相关关系的密切程度（符传博 等，2019）。此外，对 O_3-8h 浓度等级评估时，主要采用的是 TS 评分、漏报率（PO）、空报率（NH）和预报偏差来进行检验，具体公式为：

$$s_{TS} = \frac{a_{NA}}{a_{NA} + b_{NB} + c_{NC}} \tag{8.1}$$

$$o_{PO} = \frac{c_{NC}}{a_{NA} + c_{NC}} \tag{8.2}$$

$$h_{NH} = \frac{b_{NB}}{a_{NA} + b_{NB}} \tag{8.3}$$

$$B = \frac{a_{NA} + b_{NB}}{a_{NA} + c_{NC}} \tag{8.4}$$

式中，s_{TS} 表示 TS 评分，TS 评分数值越大，表示 O_3-8h 浓度等级的预报准确性越高，其区间在 0～1。o_{PO} 和 h_{NH} 分别表示的是漏报次数和空报次数与观测次数的比值，其区间也分布在 0～1，数值越小反映该模型对 O_3-8h 浓度等级的预报准确率越高。用 B 表示预报偏差大小，$B>1$ 时，表示 O_3-8h 浓度等级在预报中出现的次数多于实际出现的次数；反之，$B<1$ 时，则表示模型对 O_3-8h 浓度等级少报。a_{NA} 表示在某一 O_3-8h 浓度等级中，观测和预报都在这一等级内的次数，a_{NB} 表示在某一 O_3-8h 浓度等级中，预报在这一等级内且观测不在的次数，a_{NC} 表示在某一 O_3-8h 浓度等级中，观测在这一等级内且预报不在的次数。

表 8.1 是 O_3-8h 浓度等级预报检验分类情况。如果在某一 O_3-8h 浓度等级中,观测和预报都在等级内,用 NA 表示,预报在等级内且观测不在,用 NB 表示,观测在等级内且预报不在,用 NC 表示。

表 8.1 O_3-8h 浓度等级预报检验分类

观测	预报	
	有	无
有	NA	NC
无	NB	

8.2 结果与分析

8.2.1 海南岛臭氧浓度与关键气象因子的确立

为了给出海南岛不同层次气象因子对 O_3-8h 浓度的影响,进而确定关键性气象因子,并用于预报方程的构建和预报效果检验。首先根据污染物浓度控制方程(蒋维楣,2004):

$$\frac{\partial q}{\partial t} + \overline{U}\frac{\partial q}{\partial x} + \overline{V}\frac{\partial q}{\partial y}\overline{W}\frac{\partial q}{\partial z} = \frac{\partial(\overline{u'q'})}{\partial x} + \frac{\partial(\overline{v'q'})}{\partial y} + \frac{\partial(\overline{w'q'})}{\partial z} + S_c \tag{8.5}$$

式中,$\frac{\partial q}{\partial t}$ 为污染物浓度的局地变化,$\overline{U}\frac{\partial q}{\partial x} + \overline{V}\frac{\partial q}{\partial y} + \overline{W}\frac{\partial q}{\partial z}$ 为污染物的平流输送,$\frac{\partial(\overline{u'q'})}{\partial x} + \frac{\partial(\overline{v'q'})}{\partial y} + \frac{\partial(\overline{w'q'})}{\partial z}$ 为污染物的湍流输送,S_c 为污染物的体源项。从中可知,污染物浓度的局地变化 $\frac{\partial q}{\partial t}$ 主要受污染物的平流输送 $\overline{U}\frac{\partial q}{\partial x} + \overline{V}\frac{\partial q}{\partial y} + \overline{W}\frac{\partial q}{\partial z}$、湍流输送 $\frac{\partial(\overline{u'q'})}{\partial x} + \frac{\partial(\overline{v'q'})}{\partial y} + \frac{\partial(\overline{w'q'})}{\partial z}$ 以及体源项 S_c 影响。体源项 S_c 包括排放源、干湿沉降和化学反应。考虑到污染物主要集中在边界层内,其浓度主要受边界层内气象因子的共同作用影响,因此,O_3-8h 浓度预选因子如下。

(1)平流输送项,主要与风速大小和污染物浓度梯度有关,由于难于获得瞬时 O_3 浓度梯度,因此,只选取了 1000~850 hPa 高度上各个风速(W_S)和风向(W_D)作为预选因子之一。

(2)湍流输送项,包括热力湍流和动力湍流两种,可分别用逆温强度 $\left(\frac{\Delta T}{\Delta z}\right)$ 及热力稳定度 $\left(\frac{\partial \theta}{\partial z}\right)$ 和风切变 $\left(\frac{\Delta W_S}{\Delta z}\right)$ 表示,选取相邻两气压层间风速差、位温差和温度差作为预选因子之一。

(3)对流层 O_3 是一种光化学反应产物,属于二次污染物,因此不考虑 O_3 的排放源。

(4)植被气孔沉降过程是大气中 O_3 干沉降最重要的过程之一(耿一超 等,2019),而本研究主要基于气象要素进行模型构建,因此不考虑干沉降的影响,只考虑不同水汽条件下的光化学分解效应等,故引入相对湿度(h_{RH})及相对湿度差 $\left(\frac{\Delta h_{RH}}{\Delta z}\right)$ 作为预选因子。

(5)边界层高度(h_{PBLH})决定了污染物扩散的大气环境容量和有效空气体积。通常边界层较低时,由于垂直扩散条件受到抑制,致使边界层内污染物浓度升高。海南岛 PBLH 数据从 ERA5 中直接获得。

　　(6)地表通风系数(f_{SVC}):通风系数可表示边界层内污染物的水平扩散和输送的能力,一般值越小越不利于污染物扩散。其大小可用大气边界层高度乘以边界层高度内平均风速表示。计算公式见式(8.6):

$$f_{SVC} = h_{PBLH} \times v_h \tag{8.6}$$

式中,h_{PBLH}为边界层高度,f_{SVC}为地表通风系数,v_h为 1000 hPa 平均风速。此外,地面气象要素还考虑了地面气压、总降水量、总云量和地表太阳辐射,数据直接从 ERA5 中获得。

　　位温(θ)由温度(T)经公式(8.7)计算得到:

$$\theta_i = T_i \left(\frac{1000}{P_i}\right)^{0.286} \tag{8.7}$$

式中,i 表示气压高度,取值范围为 1~7,分别代表 1000 hPa、975 hPa、950 hPa、925 hPa、900 hPa、875 hPa、850 hPa。P_i 为对应高度的大气压强,T_i 为对应高度的温度。

　　风向(W_D)由 u 和 v 经公式(8.8)得到:

$$W_i = \begin{cases} 270 - \arctan\left(\dfrac{v_i}{u_i}\right) & (v > 0 \text{ 且 } u \neq 0) \\ 90 - \arctan\left(\dfrac{v_i}{u_i}\right) & (v < 0 \text{ 且 } u \neq 0) \\ 180 & (u = 0, v > 0) \\ 0 & (u = 0, v < 0) \\ 270 & (u > 0, v = 0) \\ 90 & (u < 0, v = 0) \end{cases} \tag{8.8}$$

式中,i 表示气压高度,u_i 和 v_i 分别为对应高度的东西向水平速度(u)和南北向水平速度(v),u_i 和 v_i 都为风速,W_i 表示风的来向。

　　表 8.2~表 8.4 给出了 O_3-8h 浓度预报因子的所有预选因子及其与 O_3-8h 浓度的相关系数。包括 1000~850 hPa 共 7 个层次的温度(T)、位温(θ)、相对湿度(h_{RH})、垂直速度(W)、东西向水平速度(u)、南北向水平速度(v)、风速(W_S)和风向(W_D),还有相邻气压间的温度差(ΔT)、位温差($\Delta \theta$)、相对湿度差(Δh_{RH})和风速差(ΔW_S),最后是地面的边界层高度(h_{PBLH})、地表通风系数(f_{SVC})、地面气压(P_s)、总降水量(P_{TP})、总云量(C_{TCC})和地表太阳辐射(S_{SSRD}),共 86 个预选因子。

　　计算 2015—2020 年逐日的 O_3-8h 浓度与 86 个预选因子的相关系数,综合考虑相关系数绝对值大小(≥0.2)和基于预报因子的多元性原则,避免同种因子相邻气压层或同一高度相似气象因子被挑选,最后共选出 14 个预报因子见表 8.5。从中可以清楚地发现,与海南岛 O_3-8h 浓度呈负相关关系的气象因子包括 800 hPa 温度(T_{850})、850 hPa 位置(θ_{850})、1000 hPa 相对湿度(h_{RH1000})、925 hPa 东西向水平速度(u_{925})、875 hPa 贡北向水平速度(v_{875})、850 hPa 风向(W_{D850})、$\Delta h_{RH950-925}$、P_{TP} 和 C_{TCC},呈正相关关系的气象因子有 $\Delta T_{950-925}$、$\Delta \theta_{950-925}$、h_{PBLH}、f_{SVC} 和 P_s,其中边界层下层的相对湿度(h_{RH1000})和风向(W_{D850}),上层的经向风速(v_{875})与 O_3-8h 浓度的相关系数绝对值超过了 0.4,其中 h_{RH1000} 和 v_{875} 的相关系数绝对值超过 0.5,具有较好的指示作用。h_{RH1000} 与光化学反应有关,h_{RH} 偏高时,大气中水汽含量偏大,一方面会减弱太阳紫外辐射;另一方面会与 O_3 发生化学反应,进而降低对流层 O_3 浓度(符传博 等,2022a)。W_{D850} 和 v_{875} 因子与外源输送有关,说明合适的风向有利于北方气流携带 O_3 及其前体物输送至海南岛,导

致 O_3 浓度的变化。T_{850} 和 θ_{850}、$\Delta T_{950-925}$ 和 $\Delta\theta_{950-925}$、u_{925}、h_{PBLH} 和 P_s 与 O_3-8h 浓度的相关系数绝对值在 0.3～0.4,也有较好的指示作用。这些因子主要与天气形势的变化相关,海南岛 O_3-8h 浓度超标多与冷空气南下有关(符传博 等,2021b),冷高压控制会引起地面气压升高,气温下降,配合上下层逆温层的出现,有利于地面污染物浓度上升。此外,海南岛 O_3-8h 浓度还与 950 与 925 h 的相对湿度差($\Delta h_{RH950-925}$)、f_{SVC}、P_{TP} 和 C_{TCC},相关系数绝对值均在 0.3 以下,有一定的指示作用。这些因子涉及影响 O_3 浓度的水汽、天空状况和水平输送等,体现了海南岛 O_3 污染的复杂性。

表 8.2　预选因子在不同层次时与 O_3-8h 浓度的相关系数

因子	1000 hPa	975 hPa	950 hPa	925 hPa	900 hPa	875 hPa	850 hPa
温度(T)	−0.333	−0.332	−0.346	−0.370	−0.398	−0.422	−0.435
位温(θ)	−0.333	−0.332	−0.346	−0.370	−0.398	−0.422	−0.435
相对湿度(h_{RH})	−0.549	−0.472	−0.302	−0.179	−0.130	−0.128	−0.164
垂直速度(W)	0.044	0.034	0.048	0.075	0.112	0.142	0.166
东西向水平速度(u)	−0.294	−0.292	−0.308	−0.316	−0.312	−0.303	−0.287
南北向水平速度(v)	−0.420	−0.422	−0.440	−0.469	−0.503	−0.523	−0.522
风速(W_S)	0.209	0.157	0.127	0.094	0.051	0.013	−0.016
风向(W_D)	−0.164	−0.120	−0.349	−0.073	−0.359	−0.372	−0.425

注:N 代表数据的样本数,$N=2192$。

表 8.3　预选因子在相邻气压间时的差值与 O_3-8h 浓度的相关系数

因子	1000 hPa 与 975 hPa 差值	975 hPa 与 950 hPa 差值	950 hPa 与 925 hPa 差值	925 hPa 与 900 hPa 差值	900 hPa 与 875 hPa 差值	875 hPa 与 850 hPa 差值
温度差(ΔT)	0.076	0.301	0.314	0.143	−0.014	−0.176
位温差($\Delta\theta$)	0.113	0.325	0.346	0.176	0.014	−0.154
相对湿度差(Δh_{RH})	−0.026	−0.186	−0.208	−0.100	0.029	0.162
风速差(ΔW_S)	0.058	0.033	0.100	0.175	0.173	0.140

注:N 代表数据的样本数,$N=2192$。

表 8.4　预选因子与 O_3-8h 浓度的相关系数

因子	相关系数
边界层高度(h_{PBLH})	0.331
地表通风系数(f_{SVC})	0.275
地面气压(P_S)	0.387
总降水量(P_{TP})	−0.210
总云量(C_{TCC})	−0.271
地表太阳辐射(S_{SSRD})	−0.024

注:N 代表数据的样本数,$N=2192$。

表 8.5　O_3-8h 浓度与入选的 14 个预报因子的相关系数

T_{850}	θ_{850}	h_{RH1000}	u_{925}	v_{875}	W_{D850}	$\Delta T_{950-925}$	$\Delta\theta_{950-925}$	$\Delta h_{RH950-925}$	h_{PBLH}	f_{SVC}	P_s	P_{TP}	C_{TCC}
−0.435	−0.435	−0.549	−0.316	−0.523	−0.425	0.314	0.346	−0.208	0.331	0.275	0.387	−0.210	−0.271

所有预报因子相关系数均通过 99.9% 的信度检验。

8.2.2　海南岛臭氧浓度预报效果检验

本节利用前面挑选出来的 14 个气象因子,首先,构建海南岛 O_3-8h 浓度的 MLR 预报模型,并利用 2021 年的气象因子进行预报;其次,利用 2015—2020 年中 14 个气象因子和 O_3-8h 浓度资料随机选择 70% 数据作为训练数据集,剩余 30% 的数据作验证数据集并对 SVM 和 BPNN 模型的各个参数权重进行调试,待模型稳定后将 2021 年的预报因子代入两个模型并进行预报。最后,得出 MLR、SVM 和 BPNN 模型的 2021 年 O_3-8h 浓度预报结果并与观测值进行对比分析,结果如图 8.1 所示。从中可知,3 个模型基本能预报出海南岛 O_3-8h 浓度的变化趋势,即 2021 年 O_3-8h 浓度呈现冬半年偏高、夏半年偏低的变化特征,与观测值一致。对比而言,MLR 模型预报值在 1 月至 8 月初偏低于观测值,8 月初至 9 月偏高于观测值,10 月后预报值与观测值较为接近。与 MLR 模型不同,SVM 模型预报值与观测值较为接近,只有秋季的 9 月有所偏高。BPNN 模型 2021 年的预报值与观测值较为接近,预报性能总体优于其他两个模型。总体而言,三个模型在部分 O_3-8h 浓度峰值没有预报出来外,其余时段基本预报出了 O_3-8h 浓度观测值的变化趋势。进一步计算 O_3-8h 浓度观测值与 3 个统计模型预报值的相关系数(表 8.4)分别为 0.643(MLR)、0.683(SVM)和 0.808(BPNN),均通过了 99.9% 的信度检验,其中 BPNN 模型相关系数明显偏高于 MLR 和 SVM 模型,表明 BPNN 模型具有较为良好的预报性能。

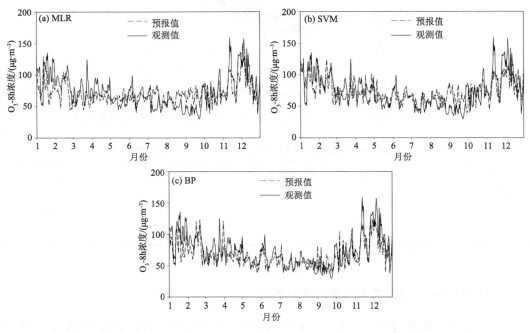

图 8.1　2021 年海南岛 O_3-8h 浓度 3 个统计模型预报值和观测值对比

图 8.2 为 2021 年 3 个模型的 O_3-8h 浓度预报值和观测值的相关性分布。从中可知,三个模型的离散点较为一致,基本分布在趋势线附近。表 8.6 给出了 3 个模型预报值与观测值的标准误差(RMSE)、平均偏差(MB)和归一化偏差(MNB)。从 3 个模型的 RMSE 来看,BPNN模型最小,只为 16.01 $\mu g \cdot m^{-3}$,SVM 次之,为 18.49 $\mu g \cdot m^{-3}$,MLR 最大,为 19.60 $\mu g \cdot m^{-3}$,结果表明,BPNN 模型预报值与观测值最为接近,SVM 模型偏差最大,这一结论与前面一致。从 MB 上看,3 个模型的 MB 均为负值,分布在 $-5.75 \sim -0.08$ $\mu g \cdot m^{-3}$,3 个统计模型预报值均偏低于观测值。从 MNB 上看,BPNN 模型为负值,而 MLR 和 SVM 模型 MNB 为正值,与 MB 不同。

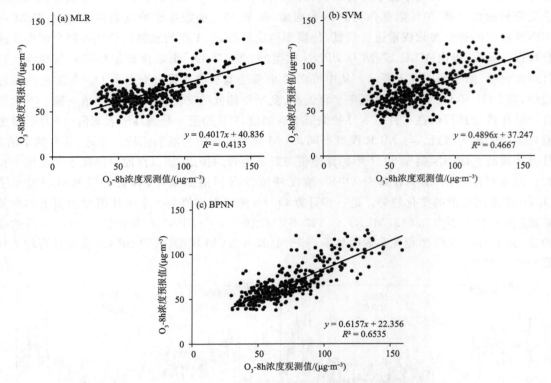

图 8.2 2021 年海南岛 O_3-8h 浓度 3 个统计模型预报值和观测值的相关性分布

表 8.6 海南岛 3 个模型 O_3-8h 浓度预报结果检验

模型	RMSE/($\mu g \cdot m^{-3}$)	MB/($\mu g \cdot m^{-3}$)	MNB/%	相关系数
MLR	19.60	−2.92	3.51	0.643*
SVM	18.49	−0.08	6.42	0.683*
BPNN	16.01	−5.75	−3.92	0.808*

* 代表通过 99.9% 的信度检验。

8.2.3 海口市臭氧浓度与关键气象因子的确立

海口市作为海南省的省会城市,O_3 污染一直相对较为严重。本节根据前面的预报模型构建思路,计算 2015—2020 年海口市逐日的 O_3-8h 浓度与 86 个预选因子的相关系数,最后共选出 15 个预报因子见表 8.7。从中可以清楚地发现，海口市 O_3-8h 浓度与 T_{850}、θ_{850}、h_{RH1000}、W_{1000}、u_{875}、v_{875}、W_{D1000}、$\Delta h_{RH975-950}$ 和 C_{TCC} 呈负相关关系，与 $\Delta T_{975-950}$、$\Delta\theta_{975-950}$、$\Delta W_{S1000-975}$、h_{PBLH}、f_{SVC} 和 P_s 呈正相关关系，其中 h_{RH1000} 和 W_{D1000}，v_{875} 与 O_3-8h 浓度的相关系数绝对值超过了 0.4，具有较好的指示作用。T_{850} 和 θ_{850}、$\Delta T_{975-950}$ 和 $\Delta\theta_{975-950}$ 和 P_s 与 O_3-8h 浓度的相关系数绝对值在 0.3～0.4，也有较好的指示作用。此外，海口市 O_3-8h 浓度还与 W_{1000}、u_{875}、$\Delta h_{RH975-950}$ 和 $\Delta W_{S1000-975}$，以及 h_{PBLH}、f_{SVC} 和 C_{TCC} 有关，相关系数绝对值均在 0.3 以下，有一定的指示作用。

表 8.7　O_3-8h 浓度与入选的 15 个预报因子相关系数

T_{850}	θ_{850}	h_{RH1000}	W_{1000}	u_{875}	v_{875}	W_{D1000}	$\Delta T_{975-950}$	$\Delta\theta_{975-950}$	$\Delta h_{RH975-950}$	$\Delta W_{S1000-975}$	h_{PBLH}	f_{SVC}	P_s	C_{TCC}
-0.377	-0.377	-0.407	-0.267	-0.299	-0.507	-0.409	0.337	0.347	-0.202	0.250	0.267	0.248	0.333	-0.232

所有预报因子相关系数均通过 99.9% 的信度检验。

8.2.4　海口市臭氧浓度预报效果检验

本节利用前面挑选出来的 15 个气象因子，根据前面的思路构建海口市 O_3-8h 浓度的 MLR、SVM 和 BPNN 预报模型，并利用 2021 年的气象因子进行预报，结果如图 8.3 所示。从中可知，3 个模型基本能预报出海口市 O_3-8h 浓度的变化趋势，即 2021 年 O_3-8h 浓度呈现冬半年偏高、夏半年偏低的变化特征，与全岛平均的情况一致。对比而言，MLR 模型预报值总体偏低于观测值，且变化幅度偏小。特别是春季的 3 月和 4 月，秋季的 10 月和 11 月，冬季的 12 月和 1 月，O_3-8h 浓度观测值偏高时段预报值明显偏低，而在夏季的 7 月和 8 月，预报值又略偏高于观测值。与 MLR 模型不同，SVM 和 BPNN 模型的预报值变化基本一致，同时与实测值较为接近。除了春季的 3 月和 4 月，冬季的 12 月和 1 月两个模型的预报值略偏低，部分

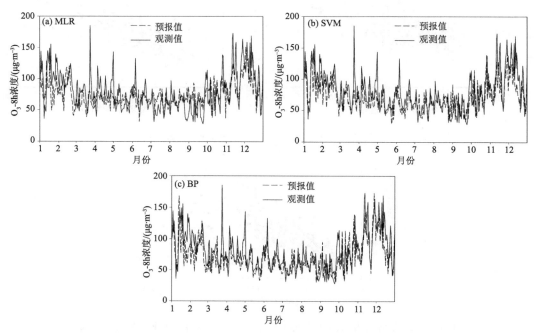

图 8.3　2021 年海口市 O_3-8h 浓度 3 个统计模型预报值和观测值对比

O_3-8h 浓度峰值没有预报出来外,其余时段基本预报出了 O_3-8h 浓度观测值的变化趋势。进一步计算 O_3-8h 浓度观测值与 3 个统计模型预报值的相关系数(表 8.6)分别为 0.591(MLR)、0.724(SVM)和 0.733(BPNN),均通过了 99.9% 的信度检验,其中 SVM 和 BPNN 模型相关系数明显偏高于 MLR 模型,表明机器学习方法预报结果优于传统的回归模型。

图 8.4 进一步给出了 2021 年 3 个模型的 O_3-8h 浓度预报值和观测值的相关性分布。从中可知,MLR 模型预报值基本偏低于观测值,这与前面的分析一致;SVM 和 BPNN 模型离散点分布较为一致,在 O_3-8h 浓度小于 100 $\mu g \cdot m^{-3}$ 时段基本分布在趋势线附近,而在 O_3-8h 浓度大于 100 $\mu g \cdot m^{-3}$ 时段分布相对较为分散,表明两个模型对于 O_3-8h 浓度偏大的预报均存在明显误差。表 8.8 给出了 3 个模型预报值与观测值的标准误差(RMSE)、平均偏差(MB)和归一化偏差(MNB)。从 3 个模型的 RMSE 来看,BPNN 模型最小,仅为 22.29 $\mu g \cdot m^{-3}$,SVM 次之,为 22.48 $\mu g \cdot m^{-3}$,MLR 最大,为 24.88 $\mu g \cdot m^{-3}$,表明 BPNN 模型预报值与观测值最为接近,MLR 模型偏差最大。从 MB 上看,3 个模型的 MB 均为负值,分布在 $-8.34 \sim -4.73 \mu g \cdot m^{-3}$,3 个统计模型预报值均偏低于观测值。其中 SVM 模型偏低最明显,MB 为 $-8.34 \mu g \cdot m^{-3}$,这可能与 2021 年春季和冬季的预报值偏低有关。从 MNB 上看,SVM 和 BPNN 模型为负值,而 MLR 模型 MNB 为正值,与 MB 不同。结合图 8.3 和图 8.4 可判断,MLR 模型预报值总体比观测值小,因而 MB 为负值,但由于个别时段预报值偏大,致使 MNB 为正值。

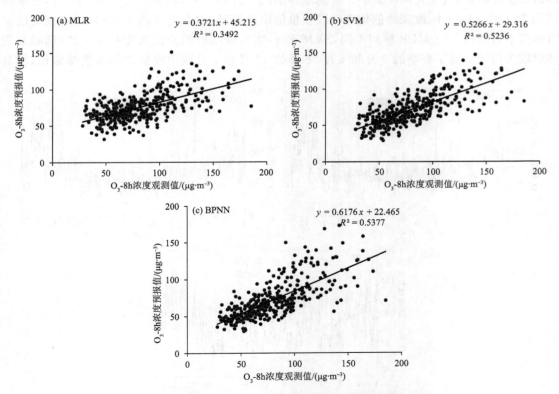

图 8.4　2021 年海口市 O_3-8h 浓度 3 个统计模型预报值和观测值的相关性分布

表 8.8　海口市 3 个模型 O₃-8h 浓度预报结果检验

模型	RMSE/($\mu g \cdot m^{-3}$)	MB/($\mu g \cdot m^{-3}$)	MNB/%	相关系数
MLR	24.88	−4.73	3.159	0.591*
SVM	22.48	−8.34	−4.774	0.724*
BPNN	22.29	−7.95	−5.570	0.733*

* 代表通过 99.9% 的信度检验。

8.2.5　海口市臭氧浓度等级预报效果检验

为了进一步检验 2021 年 3 个统计模型 O₃-8h 浓度等级预报值与观测值的结果,本节首先统计了海口市 O₃-8h 浓度不同等级天数和占比(表 8.9)。从中可见,2021 年海口市总体空气质量较好,O₃-8h 浓度等级只有 3 个等级,分别是优、良和轻度污染,没有中度污染及其以上等级出现。大部分天数以优和良为主,分别为 284 d 和 76 d,约占了全年天数的 77.81% 和 20.82%。2021 年海口市共有 5 d O₃-8h 浓度达到轻度污染等级,占比约为 1.37%。近年来,随着海口市人口规模的扩大和经济建设的加强,O₃ 污染问题也呈现愈发严重的趋势(符传博等,2019;宋娜 等,2015)。

TS 评分在气象部门中广泛应用于对定量降水预报准确率的评分标准,本节也采用 TS 评分对 3 个统计模型的 O₃-8h 浓度等级预报结果进行评分,方法包括 TS 评分、漏报率(PO)、空报率(NH)和预报偏差等,具体公式见第 8.1.2 节。表 8.10 给出了 2021 年 3 个模型 O₃-8h 浓度等级预报效果。从中可知,海口市 O₃-8h 浓度等级为优时,MLR、SVM 和 BPNN 预报模型 TS 评分均在 80% 以上,其中 SVM 模型的 TS 评分最高,为 83.94%,BPNN 次之,为 82.62%,MLR 最小,仅为 81.85%,同时 SVM 模型的 PO 偏小于其余两个模型,为 2.46%。而 BPNN 模型的 NH 最小,仅为 13.97%。3 个模型的预报偏差均略偏高于 100%,表明对于优等级,3 个模型都略多报,其中 MLR 的预报偏差最大。对于良等级,SVM 的 TS 评为 74.70%,明显偏高于其余两个模型,而 PO 和 NH 均最小,分别为 13.89% 和 15.07%,表明 SVM 模型在良等级漏报和空报均最少。3 个模型的预报偏差均略偏高于 100%,与优等级一致。对于轻度污染等级,3 个模型 TS 评分均有所下降,其中 MLR 模型下降至 70% 以下,SVM 和 BPNN 模型在 70% 以上,其中 SVM 模型为 73.81%,而 PO 和 NH 均为 15.07%,偏低于 MLR 和 BPNN,3 个预报模型预报偏差均为 100%。总体而言,3 个预报模型 TS 评分均随着 O₃-8h 浓度等级的上升而下降,而 PO 和 NH 随着 O₃-8h 浓度等级的上升而上升,特别是轻度污染等级,主要是由于海口市属于空气质量较好地区,O₃-8h 浓度超标属于低概率事件,2021 年也只有 5 d 达到轻度污染等级,因此,预报难度大,命中率较低,导致 TS 评分偏低,PO 和 NH 较高。对比而言,SVM 和 BPNN 模型预报效果优于 MLR 模型,特别是轻度污染等级,SVM 和 BPNN 模型的 TS 评分还能维持在 70% 以上,表明 2 个模型在该等级还有一定的预报能力。

需要指出的是,3 个模型预报效果的检验输入的是 ERA5 资料的气象要素结果,后续业务应用时需使用模式气象要素的预报,可能会对预报结果产生影响。

表 8.9　2021 年海口市 O₃-8h 浓度等级天数和占比

项目	优(占比)	良(占比)	轻度污染(占比)
数值	284(77.81%)	76(20.82%)	5(1.37%)

表 8.10　2021 年 3 个模型 O$_3$-8h 浓度等级预报结果　　　%

模型	优				良				轻度污染			
	TS 评分	漏报率	空报率	预报偏差	TS 评分	漏报率	空报率	预报偏差	TS 评分	漏报率	空报率	预报偏差
MLR	81.85	3.17	15.90	115.14	70.59	16.67	17.81	101.39	69.77	17.81	17.81	100.00
SVM	83.94	2.46	14.24	113.73	74.70	13.89	15.07	101.39	73.81	15.07	15.07	100.00
BPNN	82.62	4.58	13.97	110.92	71.73	16.11	16.80	100.83	70.56	17.26	17.26	100.00

8.3　结论与讨论

(1)基于污染物浓度控制方程,综合考虑相关系数绝对值大小和预报因子的多元性原则后,筛选出 2015—2020 年逐日的海口市 O$_3$-8h 浓度的 14 个预报因子,与 O$_3$-8h 浓度呈负相关关系的气象因子有 T_{850}、θ_{850}、h_{RH1000}、u_{925}、v_{875}、W_{D850}、$\Delta h_{RH950-925}$、P_{TP} 和 C_{TCC},与 O$_3$-8h 浓度呈正相关关系的气象因子包括 $\Delta T_{950-925}$、$\Delta\theta_{950-925}$、h_{PBLH}、f_{SVC} 和 P_s。其中 h_{RH1000} 和 W_{D850},v_{875} 与 O$_3$-8h 浓度的相关系数绝对值超过了 0.4,其中 h_{RH1000} 和 v_{875} 与 O$_3$-8h 浓度的相关系数绝对值超过了 0.5,具有较好的指示作用。

(2)利用归一化后的 14 个预报因子,构建了 MLR、SVM 和 BPNN 统计模型并对 2021 年海南岛 O$_3$-8h 浓度的预报结果进行检验,发现 3 个模型基本能预报出海南岛 O$_3$-8h 浓度冬半年偏高、夏半年偏低的变化趋势。其中 BPNN 模型的 RMSE 数值最小,只为 16.01 μg·m^{-3}。实测值与 3 个统计模型预报值的相关系数从大到小排列为 0.808(BPNN)＞0.683(SVM)＞0.643(MLR),均通过了 99.9% 的信度检验。

(3)基于同样的思路筛选海口市的 O$_3$-8h 浓度预报因子共计 15 个,其中海口市 O$_3$-8h 浓度与 T_{850}、θ_{850}、h_{RH1000}、W_{1000}、u_{875}、v_{875}、W_{D1000}、$\Delta h_{RH975-950}$ 和 C_{TCC} 呈负相关关系,与 $\Delta T_{975-950}$、$\Delta\theta_{975-950}$、$\Delta W_{S1000-975}$、h_{PBLH}、f_{SVC} 和 P_s 呈正相关关系,相关系数绝对值主要分布在 0.2～0.507,其中 h_{RH1000} 和 W_{D1000},v_{875} 与 O$_3$-8h 浓度的相关系数绝对值超过了 0.4,具有较好的指示作用。

(4)利用挑选出的海口市 15 个预报因子,构建了 MLR、SVM 和 BPNN 统计模型并对 2021 年海口市 O$_3$-8h 浓度的预报结果进行检验,结果表明 3 个模型基本能预报出海口市 O$_3$-8h 浓度冬半年偏高、夏半年偏低的变化趋势,与全岛平均结果一致。其中 BPNN 模型的 RMSE 最小(22.29 μg·m^{-3})。实测值与 3 个统计模型预报值的相关系数从大到小排列为 0.733(BPNN)＞0.724(SVM)＞0.591(MLR),均通过了 99.9% 的信度检验。

(5)对 2021 年 3 个统计模型 O$_3$-8h 浓度等级预报的结果检验表明,3 个预报模型的 TS 评分均随着 O$_3$-8h 浓度等级的上升而下降,而 PO 和 NH 随着 O$_3$-8h 浓度等级的上升而上升。SVM 和 BPNN 模型在 3 个 O$_3$-8h 浓度等级的预报中,TS 评分均略高于 MLR 模型,特别是轻度污染等级,TS 评分还能维持在 70% 以上,而 MLR 模型 TS 评分小于 70%,表明 SVM 和 BPNN 模型均具有较好的预报性能。

参考文献

安俊琳，王跃思，孙扬，2009. 非甲烷挥发性有机物（NMHCs）对北京大气臭氧产生的影响[J]. 生态环境学报，18(4)：1318-1324.

步巧利，余乐福，陈辰，等，2022. 广州 2014—2019 年气象条件对 O_3 污染影响的定量评估[J]. 干旱气象，40(2)：266-274.

蔡亲波，2013. 海南省天气预报技术手册[M]. 北京：气象出版社.

蔡志全，秦秀英，2002. 植物释放挥发性有机物（VOCs）的研究进展[J]. 生态科学，21(1)：86-90.

常炉予，许建明，瞿元昊，等，2019. 上海市臭氧污染的大气环流客观分型研究[J]. 环境科学学报，39(1)：169-179.

陈辰，洪莹莹，谭浩波，等，2022. 佛山臭氧浓度预报方程的建立与应用[J]. 环境科学，43(10)：4316-4326.

陈仁杰，陈秉衡，阚海东，2010. 上海市近地面臭氧污染的健康影响评价[J]. 中国环境科学，30(5)：603-608.

陈璇，王晓玲，陈赛男，等，2022. 不同天气型下武汉城市圈 $PM_{2.5}$ 污染及大气层结特征分析[J]. 环境科学学报，42(8)：52-63.

陈瑜萍，2020. 粤港澳大湾区臭氧生成敏感性时空变化特征及其影响因素研究[D]. 广州：华南理工大学.

程麟钧，2018. 我国臭氧污染特征及分区管理方法研究[D]. 北京：中国地质大学（北京）.

程念亮，李云婷，张大伟，等，2016. 2014 年北京市城区臭氧超标日浓度特征及与气象条件的关系[J]. 环境科学，37(6)：2041-2051.

崔虎雄，吴迓名，段玉森，等，2013. 上海市浦东城区二次气溶胶生成的估算[J]. 环境科学，34(5)：2003-2009.

邓爱萍，陆维青，杨雪，2017. 2013—2017 年江苏省环境空气中首要污染物变化分析研究[J]. 环境科学与管理，42(12)：23-26.

丁一汇，柳艳菊，2014. 近 50 年我国雾和霾的长期变化特征及其与大气湿度的关系[J]. 科学通报，44(1)：37-48.

冯锦明，赵天保，张英娟，2004. 基于台站降水资料对不同空间内插方法的比较[J]. 气候与环境研究，9(2)：261-277.

冯兆忠，李品，袁相洋，等，2018. 我国地表臭氧生态环境效应研究进展[J]. 生态学报，38(5)：1530-1541.

冯兆忠，彭金龙，2021. 中国粮食作物产量和木本植物生物量与地表臭氧污染的响应关系[J]. 环境科学，42(6)：3084-3090.

符传博，丹利，2014. 重污染下我国中东部地区 1960—2010 年霾日数的时空变化特征[J]. 气候与环境研究，19(2)：219-226.

符传博，陈有龙，丹利，等，2015. 近 10 年海南岛大气 NO_2 的时空变化及污染物来源解析[J]. 环境科学，36(1)：18-24.

符传博，唐家翔，丹利，等，2016a. 1960—2013 年我国霾污染的时空变化[J]. 环境科学，37(9)：3237-3248.

符传博，唐家翔，丹利，等，2016b. 基于卫星遥感的海南地区对流层 NO_2 长期变化及成因分析[J]. 环境科学学报，36(4)：1402-1410.

符传博，唐家翔，丹利，等，2016c. 2014 年海口市大气污染物演变特征及典型污染个例分析[J]. 环境科学学报,36(6):2160-2169.

符传博,唐家翔,丹利,等,2019. 2014—2016 年海口市空气质量概况及预报效果检验[J]. 环境科学学报,39(1):270-278.

符传博,徐文帅,丹利,等,2020a. 2015—2018 年海南省城市臭氧时空分布特征[J]. 环境化学,39(10):2823-2832.

符传博,丹利,徐文帅,等,2020b. 2014—2019 年三亚市臭氧浓度变化特征[J]. 生态环境学报,29(10):106-111.

符传博,徐文帅,丹利,等,2020c. 前体物与气象因子对海南省臭氧污染的影响[J]. 环境科学与技术,43(7):45-50.

符传博,丹利,唐家翔,等,2020d. 基于轨迹模式分析海口市大气污染的输送及潜在源区[J]. 环境科学学报,40(1):36-42.

符传博,周航,2021a. 中国城市臭氧的形成机理及污染影响因素研究进展[J]. 中国环境监测,37(2):33-43.

符传博,丹利,唐家翔,等,2021b. 海南省城市臭氧污染特征及气象学成因[M]. 北京:气象出版社.

符传博,丹利,佟金鹤. 等,2021c. 2017 年秋季海口市一次持续空气污染过程特征及成因分析[J]. 环境化学,40(4):1048-1058.

符传博,丹利,唐家翔,等,2021d. 2017 年 10 月海南省一次臭氧污染特征及输送路径与潜在源区分析[J]. 环境科学研究,34(4):863-871.

符传博,徐文帅,丹利,等,2022a. 2015—2020 年海南省臭氧时空变化及其成因分析[J]. 环境科学,43(2):675-685.

符传博,佟金鹤,徐文帅,等,2022b. 海南岛臭氧污染时空特征及其成因分析[J]. 热带生物学报,13(4):404-409.

符传博,丹利,刘丽君,等,2022c. 2019 年秋季三亚市一次典型臭氧污染个例气象成因解析[J]. 生态环境学报,31(1):89-99.

高拴柱,董林,许映龙,等,2021. 2016 年西北太平洋台风活动特征和预报难点分析[J]. 气象,48(4):284-293.

高雅,刘杨,吕佳佩,2022. 空气质量模型研究进展综述[J]. 环境污染与防治,44(7):939-943.

耿春梅,王宗爽,任丽红,等,2014. 大气臭氧浓度升高对农作物产量的影响[J]. 环境科学研究,27(3):239-245.

耿福海,刘琼,陈勇航,2012. 近地面臭氧研究进展[J]. 沙漠与绿洲气象,31(6):8-14.

耿一超,田春艳,陈晓阳,等,2019. 珠江三角洲秋季臭氧干沉降特征的数值模拟[J]. 中国环境科学,39(4):1345-1354.

国家统计局,2021. 2020 年国民经济和社会发展统计公报[EB/OL]. (2021-02-28)[2023-09-05]. http://www.stats.gov.cn/tjsj/zxfb/202102/t20210227_1814154.html.

海南省生态环境厅,2022. 2021 年海南省生态环境状况公报[EB/OL]. (2022-06-06)[2023-09-10]. http://hnsthb.hainan.gov.cn/xxgk/0200/0202/hjzl/hjzkgb/202206/t20220602_3205707.html.

韩丽,陈军辉,姜涛,等,2021. 成都市春季 O_3 污染特征及关键前体物识别[J]. 环境科学,42(10):4611-4620.

郝伟华,王文勇,张迎春,等,2018. 成都市臭氧生成敏感性分析及控制策略的制定[J]. 环境科学学报,38(10):3894-3899.

何礼,2018. 上海海陆风对臭氧污染的影响[D]. 上海:华东师范大学.

洪盛茂,焦荔,何曦,等,2009. 杭州市区大气臭氧浓度变化及气象要素影响[J]. 应用气象学报,20(5):602-611.

胡娅敏,丁一汇,廖菲,2008. 江淮地区梅雨的新定义及其气候特征[J]. 大气科学,32(1):103-114.

胡正华,孙银银,李琪,等,2012. 南京北郊春季地面臭氧与氮氧化物浓度特征[J]. 环境工程学报,6(6):1995-2000.

黄俊,廖碧婷,吴兑,等,2018. 广州近地面臭氧浓度特征及气象影响分析[J]. 环境科学学报,38(1):23-31.

黄亮,2014. 我国臭氧污染特征及现状分析[J]. 环境保护与循环经济,6(4):65-66.

黄晓娴,王体健,江飞,2012. 空气污染潜势-统计结合预报模型的建立及应用[J]. 中国环境科学,32(8):1400-1408.

江滢,罗勇,赵宗慈,2010. 全球气候模式对未来中国风速变化预估[J]. 大气科学,34(2):323-336.

姜有山,陈飞,班欣,等,2007. 连云港市城市空气质量预报方法研究[J]. 气象科学,27(2):220-225.

蒋维楣,2004. 空气污染气象学教程[M]. 北京:气象出版社.

旷雅琼,邹忠,张秀英,等,2021. 长三角地区大气污染物对新冠肺炎封城的时空响应特征[J]. 环境科学学报,41(4):1165-1172.

黎煜满,李磊,王浩霖,等,2022. 粤北山地城市近地面臭氧污染特征及气象影响因素分析——以韶关为例[J]. 环境科学学报,42(2):258-270.

李崇,袁子鹏,吴宇童,等,2017. 沈阳一次严重污染天气过程持续和增强气象条件分析[J]. 环境科学研究,30(3):349-358.

李红丽,王杨君,黄凌,等,2020. 中国典型城市臭氧与二次气溶胶的协同增长作用分析[J]. 环境科学学报,40(12):4368-4379.

李剑兵,2001. 百多年登陆粤西海南台风的频数分析[J]. 广东气象,3(3):14.

李锦超,曹春,方锋,等,2023. 基于卫星和地面监测的河西走廊O_3浓度时空分布及潜在源区分析[J]. 环境科学,44(9):4785-4798.

李莉,2013. 典型城市群大气复合污染特征的数值模拟研究[D]. 上海:上海大学.

李莉,蔡鋆琳,周敏,2015. 2013年12月中国中东部地区严重灰霾期间上海市颗粒物的输送途径及潜在源区贡献分析[J]. 环境科学,36(7):2327-2336.

李莉莉,朱莉娜,闫耀宗,等,2020. 绥化市一次空气污染过程及潜在源区分析[J]. 环境科学学报,40(10):3785-3793.

李连和,2017. 珠三角区域地表臭氧浓度变化趋势研究[J]. 能源与环境(4):30-32.

李顺姬,李红,陈妙,等,2018. 气象因素对西安市西南城区大气中臭氧及其前体物的影响[J]. 气象与环境学报,34(4):59-67.

李婷苑,陈靖扬,龚宇,等,2023. 2022年广东省冬季一次臭氧污染过程的气象成因及潜在源区分析[J]. 环境科学,44(7):3695-3704.

李霄阳,李思杰,刘鹏飞,等,2018. 2016年中国城市臭氧浓度的时空变化规律[J]. 环境科学学报,38(4):1263-1274.

李颖若,汪君霞,韩婷婷,等,2019. 利用多元线性回归方法评估气象条件和控制措施对APEC期间背景空气质量的影响[J]. 环境科学,40(3):1024-1034.

李颖若,韩婷婷,汪君霞,等,2021. ARIMA时间序列分析模型在臭氧浓度中长期预报中的应用[J]. 环境科学,42(7):3118-3126.

李云燕,葛畅,2017. 我国三大区域$PM_{2.5}$源解析研究进展[J]. 现代化工,37(4):1-5.

梁碧玲,张丽,赖鑫,等,2017. 深圳市臭氧污染特征及其与气象条件的关系[J]. 气象与环境学报,33(1):66-71.

梁俊宁,马启翔,汪平,等,2019. 陕西省西咸新区空港新城夏季臭氧与气象因子关系分析[J]. 生态环境学报,28(10):2020-2026.

廖志恒,许欣祺,谢洁岚,等,2019. 珠三角地区日最大混合层高度及其对区域空气质量的影响[J]. 气象与环境学报,35(5):85-92.

林秀,王智民,韩基新,2003. 大气臭氧的存在形式及环保政策[J]. 黑龙江大学自然科学学报,20(3):118-122.

蔺雪芹,王岱,2016. 中国城市空气质量时空演变特征及社会经济驱动力[J]. 地理学报,71(8):1357-1371.

刘爱利,王培法,丁园圆,2012. 地统计学概论[M]. 北京:科学出版社.

刘超,张恒德,张天航,等,2020. 青岛"上合峰会"期间夜间臭氧增长成因分析[J]. 中国环境科学,40(8):3332-3341.

刘楚薇,连鑫博,黄建平,2020. 我国臭氧污染时空分布及其成因研究进展[J]. 干旱气象,38(3):355-361.

刘烽,徐怡珊,2017. 臭氧数值预报模型综述[J]. 中国环境监测,33(4):1-16.

刘桓嘉,贾梦珂,刘永丽,等,2022. 河南省2015—2019年大气污染时空变化特征研究[J]. 环境科学学报,42(2):271-282.

刘晶淼,丁裕国,黄永德,等,2003. 太阳紫外辐射强度与气象要素的相关分析[J]. 高原气象,22(1):45-50.

芦华,谢旻,吴钲,等,2020. 基于机器学习的成渝地区空气质量数值预报 $PM_{2.5}$ 订正方法研究[J]. 环境科学学报,40(12):4419-4431.

陆倩,付娇,王朋朋,等,2019. 河北石家庄市近地层臭氧浓度特征及气象条件分析[J]. 干旱气象,37(5):836-843.

罗瑞雪,刘保双,梁丹妮,等,2021. 天津市郊夏季的臭氧变化特征及其前体物 VOCs 的来源解析[J]. 环境科学,42(1):75-87.

马陈燨,郭佳,纳丽,等,2022. 银川都市圈典型站点大气臭氧及前体物的污染特征分析[J]. 环境化学,41(4):1312-1323.

毛敏娟,杜荣光,齐冰,2019. 浙江省大气扩散能力的时空分布特征[J]. 热带气象学报,35(5):644-651.

聂赛赛,王帅,崔建升,等,2021. 污染物的季节性时空特征及潜在源区[J]. 环境科学,42(11):5131-5142.

裴成磊,牟江山,张英南,等,2021. 广州市臭氧污染溯源:基于拉格朗日光化学轨迹模型的案例分析[J]. 环境科学,42(4):1615-1625.

齐艳杰,于世杰,杨健,等,2020. 河南省臭氧污染特征与气象因子影响分析[J]. 环境科学,41(2):587-599.

钱悦,许彬,夏玲君,等,2021. 2016—2019年江西省臭氧污染特征与气象因子影响分析[J]. 环境科学,42(5):2190-2201.

任万辉,苏枞枞,赵宏德,2010. 城市环境空气污染预报研究进展[J]. 环境保护科学,36(3):9-11.

单源源,李莉,刘琼,等,2016. 基于 OMI 数据的中国中东部臭氧及前体物的时空分布[J]. 环境科学研究,29(8):1128-1136.

沈劲,钟流举,何芳芳,等,2015. 基于聚类与多元回归的空气质量预报模型开发[J]. 环境科学与技术,38(2):63-66.

沈劲,黄晓波,汪宇,等,2017. 广东省臭氧污染特征及其来源解析研究[J]. 环境科学学报,37(12):4449-4457.

沈利娟,王红磊,吕升,等,2015. 嘉兴市春季 PM、主要污染气体和气溶胶粒径分布的周末效应[J]. 环境科学,36(12):26-35.

盛裴轩,毛节泰,李建国,等,2013. 大气物理学(第2版)[M]. 北京:北京大学出版社.

石春娥,翟武全,杨军,等,2008. 长江三角洲地区四省会城市 PM_{10} 污染特征[J]. 高原气象,27(2):408-414.

舒锋敏,罗森波,罗秋红,等,2012. 基于关键气象因子和天气类型的广州空气污染预报方法应用[J]. 环境化学,31(8):1157-1164.

宋娜，徐虹，毕晓辉，等，2015. 海口市 $PM_{2.5}$ 和 PM_{10} 来源解析[J]. 环境科学研究，28(10)：1501-1509.

苏超，2016. 海口市环境空气质量、污染特征及其影响因素研究[D]. 海口：海南大学.

苏筱倩，安俊琳，张玉欣，等，2019. 支持向量机回归在臭氧预报中的应用[J]. 环境科学，40(4)：1697-1704.

孙家仁，许振成，刘煜，等，2011. 气候变化对环境空气质量影响的研究进展[J]. 气候与环境研究，16(6)：805-814.

孙晓艳，赵敏，申恒青，等，2022. 济南市城区夏季臭氧污染过程及来源分析[J]. 环境科学，43(2)：686-695.

谈建国，陆国良，耿福海，等，2007. 上海夏季近地面臭氧浓度及其相关气象因子的分析和预报[J]. 热带气象学报，23(5)：101-106.

唐少霞，赵从举，袁建平，等，2010. 1961—2007 年海口市气候环境变化及其对城市发展的响应[J]. 应用生态学报，21(10)：2721-2726.

唐孝炎，张远航，邵敏，2006. 大气环境化学[M]. 2 版. 北京：高等教育出版社.

汪宏宇，龚强，付丹丹，2020. 沈阳空气质量对到达地面太阳辐射的影响分析[J]. 中国环境科学，40(7)：2839-2849.

王闯，王帅，杨碧波，等，2015. 气象条件对沈阳市环境空气臭氧浓度影响研究[J]. 中国环境监测，31(3)：32-37.

王春乙，2014. 海南气候[M]. 北京：气象出版社.

王继志，杨元琴，王亚强，等，2013. PLAM 指数跟踪方法对中国沙尘天气过程及其波动变化特征的研究[J]. 气象与环境学报，29(5)：92-97.

王佳颖，曾乐薇，张维昊，等，2019. 北京市夏季臭氧特征及臭氧污染日成因分析[J]. 地球化学，48(3)：293-302.

王玫，郑有飞，柳艳菊，等，2019. 京津冀臭氧变化特征及与气象要素的关系[J]. 中国环境科学，39(7)：2689-2698.

王明星，1991. 大气化学[M]. 北京：气象出版社.

王明星，1999. 大气化学 [M]. 2 版. 北京：气象出版社.

王倩，刘苗苗，杨建勋，等，2021. 2013—2019 年臭氧污染导致的江苏稻麦产量损失评估[J]. 中国环境科学，41(11)：5094-5103.

王新敏，邹旭凯，翟盘茂，2007. 北半球温带气旋的变化[J]. 气候变化研究进展，3(3)：154-157.

王旭东，尹沙沙，杨健，等，2021. 郑州市臭氧污染变化特征、气象影响及输送源分析[J]. 环境科学，42(2)：604-615.

王雪梅，符春，梁桂熊，等，2001. 城市区域臭氧浓度变化的研究[J]. 环境科学研究，14(5)：1-3.

王雪松，李金龙，张远航，等，2009. 北京地区臭氧污染的来源分析[J]. 中国科学 B 辑：化学，39(6)：548-559.

王燕丽，薛文博，雷宇，等，2017. 京津冀地区典型月 O_3 污染输送特征[J]. 中国环境科学，37(10)：3684-3691.

王宇骏，黄祖照，张金谱，等，2016. 广州城区近地面层大气污染物垂直分布特征[J]. 环境科学研究，29(6)：800-809.

王雨燕，杨文，王秀艳，等，2022. 淄博市城郊臭氧污染特征及影响因素分析[J]. 环境科学，43(1)：170-179.

王妘涛，张强，温肖宇，等，2022. 运城市 $PM_{2.5}$ 时空分布特征和潜在源区季节分析[J]. 环境科学，43(1)：74-84.

王占山，李云婷，陈添，等，2014. 北京市臭氧的时空分布特征[J]. 环境科学，35(12)：4446-4453.

王自发,庞成明,朱江,等,2008. 大气环境数值模拟研究新进展[J]. 大气科学,32(4):987-995.

魏凤英,2007. 现代气候统计诊断与预测技术[M]. 2版. 北京:气象出版社.

魏煜,徐起翔,赵金帅,等,2021. 基于机器学习算法的新冠疫情管控对河南省空气质量影响的模拟分析[J]. 环境科学,42(9):4126-4139.

吴婕,2016. 气候变化对中国地区PM$_{2.5}$和臭氧浓度的影响评估和预估[D]. 北京:中国气象科学研究院.

吴进,李琛,马志强,等,2020. 基于天气分型的上甸子大气本底站臭氧污染气象条件[J]. 环境科学,41(11):4864-4873.

吴锴,康平,王占山,等,2017. 成都市臭氧污染特征及气象成因研究[J]. 环境科学学报,37(11):4241-4252.

吴蒙,范绍佳,吴兑,2013. 台风过程珠江三角洲边界层特征及其对空气质量的影响[J]. 中国环境科学,33(9):1569-1576.

吴胜安,吴慧,2009. 海南岛气温年际变化与海温的关系[J]. 气象研究与应用,30(4):38-41.

武卫玲,薛文博,雷宇,等,2018. 基于OMI数据的京津冀及周边地区O$_3$生成敏感性[J]. 中国环境科学,38(4):1201-1208.

解淑艳,霍晓芹,曾凡刚,等,2021. 2015—2019年汾渭平原臭氧污染状况分析[J]. 中国环境监测,37(1):49-57.

谢放尖,陆晓波,杨峰,等,2021. 2017年春夏期间南京地区臭氧污染输送影响及潜在源区[J]. 环境科学,42(1):88-96.

谢鹏,刘晓云,刘兆荣,等,2010. 珠江三角洲地区大气污染对人群健康的影响[J]. 中国环境科学,30(7):997-1003.

谢祖欣,冯宏芳,林文,等,2020. 气象条件对福州市夏季臭氧(O$_3$)浓度的影响研究[J]. 生态环境学报,29(11):2251-2261.

徐锟,刘志红,何沐全,等,2018. 成都市夏季近地面臭氧污染气象特征[J]. 中国环境监测,34(5):41-50.

闫雨龙,温彦平,冯新宇,等,2016. 太原市城区臭氧变化特征及影响因素[J]. 环境化学,35(11):2261-2268.

严仁嫦,叶辉,林旭,等,2018. 杭州市臭氧污染特征及影响因素分析[J]. 环境科学学报,38(3):1128-1136.

严晓瑜,缑晓辉,杨苑媛,等,2022. 银川市臭氧污染天气形势客观分型研究[J]. 环境科学学报,42(8):13-25.

晏洋洋,尹沙沙,何秦,等,2022. 河南省臭氧污染趋势特征及敏感性变化[J]. 环境科学,43(6):2947-2956.

杨辉,朱彬,高晋徽,等,2013. 南京市北郊夏季挥发性有机物的源解析[J]. 环境科学,34(12):4519-4528.

杨继东,刘佳泓,杨光辉,等,2012. 天津市环境空气中一氧化碳污染特征及变化趋势研究[J]. 环境科学与管理,37(6):89-90.

杨健,尹沙沙,于世杰,等,2020. 安阳市近地面臭氧污染特征及气象影响因素分析[J]. 环境科学,2020,41(1):10:115-124.

杨柳,王体健,吴蔚,等,2011. 热带气旋对香港地区臭氧污染影响的初步研究[J]. 热带气象学报,27(1):109-117.

杨仁勇,闵锦忠,郑艳,2014. 强台风"纳沙"引发的特大暴雨过程数值试验[J]. 高原气象,33(3):753-761.

杨旭,张小玲,康延臻,等,2017. 京津冀地区冬半年空气污染天气分型研究[J]. 中国环境科学,37(9):3201-3209.

姚青,孙玫玲,刘爱霞,等,2009. 天津臭氧浓度与气象因素的相关性及其预测方法[J]. 生态环境学报,18(6):2206-2210.

姚青,韩素芹,张裕芬,等,2020. 天津夏季郊区 VOCs 对臭氧生成的影响[J]. 环境科学,41(4):
　　1573-1581.

尹向飞,2021. 新框架核算下中国省级绿色 GDP 增长时空演变及驱动[J]. 经济地理,41(1):49-57.

余益军,孟晓艳,王振,等,2020. 京津冀地区城市臭氧污染趋势及原因探讨[J]. 环境科学,41(1):
　　106-114.

俞布,朱彬,窦晶晶,等,2017. 杭州地区污染天气型及冷锋输送清除特征[J]. 中国环境科学,37(2):
　　452-459.

岳海燕,顾桃峰,王春林,等,2018. 台风"妮妲"过程对广州臭氧浓度的影响分析[J]. 环境科学学报,38
　　(12):4565-4572.

翟羽,庄雪球,曹卫洁,2015. 三亚"候鸟型"养老产业发展的现状与对策探索[J]. 产业与科技论坛,14(15):
　　20-21.

张春辉,刘群,徐徐,等,2019. 贵阳市臭氧浓度变化及与气象因子的关联性[J]. 中国环境监测,35(3):
　　32-92.

张会涛,田瑛泽,刘保双,等,2019. 武汉市 $PM_{2.5}$ 化学组分时空分布及聚类分析[J]. 环境科学,40(11):
　　4764-4773.

张丽亚,吴涧,2014. 近几十年中国小雨减少趋势及其机制的研究进展[J]. 暴雨灾害,33(3):202-207.

张敏,蔡子颖,韩素芹,2020. 天津静稳指数建立及在环境气象预报和评估中的应用[J]. 环境科学学报,40
　　(12):4453-4460.

张人禾,李强,张若楠,2014. 2013 年 1 月中国东部持续性强雾霾天气产生的气象条件分析[J]. 中国科学:
　　地球科学,44(1):27-36.

张瑞欣,陈强,夏佳琦,等,2021. 乌海市夏季臭氧污染特征及基于过程分析的成因探究[J]. 环境科学,42
　　(9):4180-4190.

张天岳,沈楠驰,赵雪,等,2021. 2015—2019 年成渝城市群臭氧浓度时空变化特征及人口暴露风险评价
　　[J]. 环境科学学报,41(10):4188-4199.

张夕迪,孙军,2018. "葵花 8 号"卫星在暴雨对流云团监测中的应用分析[J]. 气象,44(10):1245-1254.

张小曳,孙俊英,王亚强,等,2013. 我国雾-霾成因及其治理的思考[J]. 科学通报,58(13):1178-1187.

张莹,王式功,贾旭伟,等,2018. 华北地区冬半年空气污染天气客观分型研究[J]. 环境科学学报,38(10):
　　3826-3833.

张智,马翠平,赵娜,2019. 台风"安比"对河北东南部地区一次 O_3 污染影响的特征分析[J]. 环境科学学报,
　　39(12):4162-4173.

赵德龙,田平,周嵬,等,2021. COVID-19 疫情期间北京市两次重霾污染过程大气污染物演变特征及潜在源
　　区分析[J]. 环境科学,42(11):5109-5121.

赵飞,包文雯,张雪波,等,2021. "浪卡"台风(2016)暴雨成因及数值预报模式偏差分析[J]. 气象研究与应
　　用,42(3):83-87.

赵蕾,吴坤悌,陈明,2019. 2013—2016 年海口市空气质量特征及典型个例污染物来源分析[J].气象与环境
　　学报,35(5):63-69.

赵娜,马翠平,李洋,等,2017. 河北重度污染天气分型及其气象条件特征[J]. 干旱气象,35(5):839-846.

赵楠,卢毅敏,2022. 中国地表臭氧浓度估算及健康影响评估[J]. 环境科学,43(3):1235-1245.

赵伟,范绍佳,谢文彰,等,2015. 烟花燃放对珠三角地区春节期间空气质量的影响[J]. 环境科学,36(12):
　　36-43.

赵伟,吕梦瑶,卢清,等,2022. 热带气旋对珠三角秋季臭氧污染的影响[J]. 环境科学,43(6):2957-2965.

赵文龙,张春林,李云鹏,等,2021. 台风持续影响下中山市大气 O_3 污染过程分析[J]. 中国环境科学,
　　41(12):5531-5538.

甄泉，方治国，王雅晴，等，2019. 雾/霾空气中细菌特征及对健康的潜在影响[J]. 生态学报，39(6)：2244-2254.

中华人民共和国生态环境保护部，2022. 2021年中国生态环境状况公报[EB/OL]. (2022-05-28)[2023-09-12]. https://www.mee.gov.cn/hjzl/sthjzk/zghjzkgb/202205/P020220527581962738409.pdf.

周国华，罗小莉，王盘兴，等，2012. 中国冬季气温异常EOF分析的改进[J]. 大气科学学报，35(3)：295-303.

周学思，廖志恒，王萌，等，2019. 2013—2016年珠海地区臭氧浓度特征及其与气象因素的关系[J]. 环境科学学报，39(1)：143-153.

周炎，张涛，林玉君，等，2022. 珠三角城市群甲醛的时空分布、来源及其对臭氧生成的影响[J]. 环境化学，41(7)：2356-2363.

朱景，袁慧珍，2019. ERA再分析陆面温度资料在浙江省的适用性[J]. 气象科技，47(2)：289-298.

朱蓉，张存杰，梅梅，2018. 大气自净能力指数的气候特征与应用研究[J]. 中国环境科学，38(10)：3601-3610.

朱彤，尚静，赵德峰，2010. 大气复合污染及灰霾形成中非均相化学过程的作用[J]. 中国科学：化学，40(12)：1731-1740.

朱媛媛，刘冰，桂海林，等，2022. 京津冀臭氧污染特征、气象影响及基于神经网络的预报效果评估[J]. 环境科学，43(8)：3966-3976.

庄立跃，陈瑜萍，范丽雅，等，2019. 基于OMI卫星数据和MODIS土地覆盖类型数据研究珠江三角洲臭氧敏感性[J]. 环境科学学报，39(11)：3581-3592.

邹旭东，李岱松，杨洪斌，2006. 我国北方地区的污染天气分型[J]. 气象与环境学报，22(6)：53-55.

ANGELA R，JOSEP P，2006. Surface ozone mixing ratio increase with altitude in a transect in the Catalan Pyrenees [J]. Atmospheric Environment，40：7308-7315.

ARNOLD J R，DENNIS R L，TONNESEN G S，2003. Diagnostic evaluation of numerical air quality models with specialized ambient observations：testing the Community Multiscale Air Quality (CMAQ) modeling system at selected SOS 95 ground sites [J]. Atmospheric Environment，37(9-10)：1185-1198.

AWANG N R，RAMLI N A，YAHAYA A S，et al，2015. Multivariate methods to predict ground level ozone during daytime，nighttime，and critical conversion time in urban areas [J]. Atmospheric Pollution Research，6(5)：726-734.

BAEK K H，KIM J H，PARK R J，et al，2014. Validation of OMI HCHO data and its analysis over Asia [J]. Science of the Total Environment，490：93-105.

BEIRLE S，BOERSMA K F，PLATT U，et al，2011. Megacity emissions and lifetimes of nitrogen oxides probed from space [J]. Science，333(6050)：1737-1739.

BOERSMA K F，ESKES H J，BRINKSMA E J，et al，2004. Error analysis for tropospheric NO_2 retrieval from space [J]. Journal of Geophysical Research：Atmospheres，109：D04311.

CELARIER E A，BRINKSMA E J，GLEASON J F，et al，2008. Validation of ozone monitoring instrument nitrogen dioxide columns [J]. Journal of Geophysical Research：Atmospheres，113：D15S15.

CHAMEIDES W L，LINDSAY R W，RICHARDSON J，et al，1988. The role of Biogenic Hydrocarbons in urban photochemical smog：Atlanta as a case study [J]. Science，341：1473-1475.

CHEN R，HUANG W，WONG C，et al，2012. Short-term exposure to sulfur dioxide and daily mortality in 17 Chinese cities：the China air pollution and health effects study (CAPES) [J]. Environment International，45(14)：32-38.

CHEN K，ZHOU L，CHEN X D，et al，2017. Acute effect of ozone exposure on daily mortality in seven cities of Jiangsu Province，China：No clear evidence for threshold [J]. Environmental Research，155：235-241.

CHEN C, 2021. Review on Atmospheric ozone pollution in China: Formation, spatiotemporal distribution, precursors and affecting factors [J]. Atmosphere, 12(12): 1675-1675.

CRESSMAN G W, 1959. An operational objective analysis system [J]. Monthly Weather Review, 87(10): 367-374.

DORLING S R, DAVIES T D, PIECE C E, 1992. Cluster analysis: A technique for estimating the synoptic meteorological controls on air and precipitation chemistry-method and applications [J]. Atmospheric Environment, 26(14A): 2575-2581.

DUNCAN B N, YOSHIDA Y, OLSON J R, et al, 2010. Application of OMI observations to a space-based indicator of NO_x and VOC controls on surface ozone formation [J]. Atmospheric Environment, 44(18): 2213-2223.

FAN H, ZHAO C, YANG Y, 2020. A comprehensive analysis of the spatio-temporal variation of urban air pollution in China during 2014—2018 [J]. Atmospheric Environment, 220.

FENG Z Z, HU E Z, WANG X K, et al, 2015. Ground-level O_3 pollution and its impacts on food crops in China: A review [J]. Environmental Pollution, 199: 42-48.

FERHAK K, ISMAIL A, OMAR A, et al, 2009. Long-range potential source contributions of episodic aerosol events to PM_{10} profile of a megacity [J]. Atmospheric Environment, 43(36): 5713-5722.

FINLAYSON B, PITTS J J, 2000. Chemistry of the upper and lower atmosphere [D]. San Diego: Academic Press.

FU Y, LIAO H, YANG Y, et al, 2019. Interannual and decadal changes in tropospheric ozone in China and the associated chemistry-climate interactions: A review [J]. Advances in Atmospheric Sciences, 36(9): 975-993.

FUHRER J, 2009. Ozone risk for crops and pastures in present and future climates [J]. Die Naturwissenschaften, 96(2): 173-194.

GENE D D, YESILYURT C, TUNCEL G, 2010. Air pollution forecasting in Ankara, Turkey using air pollution index and its relation to assimilative capacity of the atmosphere [J]. Environmental Monitoring and Assessmen, 166(1-4): 11-27.

GENG F H, TIE X X, XU J M, et al, 2008. Characterizations of ozone, NO_x, and VOCs measured in Shanghai, China [J]. Atmospheric Environment, 42(29): 6873-6883.

GUENTHER A B, MONSON R K, FALL R, 1991. Isoprene and monoterpene emission rate variability: Observations with Eucalyptus and emission rate algorithm development [J]. Journal of Geophysical Research, 96(D6):10799-10808.

GUO H, CHEN K Y, WANG P F, et al, 2019. Simulation of summer ozone and its sensitivity to emission changes in China [J]. Atmospheric Pollution Research, 10(5):1543-1552.

HAAGEN S A J, 1952. Chemistry and physiology of Los Angeles smog [J]. Industrial and Engineering Chemistry, 44(6): 1342-1346.

HE J J, GONG S L, YU Y, et al, 2017. Air pollution characteristics and their relation to meteorological conditions during 2014—2015 in major Chinese cities [J]. Environmental Pollution, 223: 484-496.

HE W, MENG H, HAN J, et al, 2022. Spatiotemporal $PM_{2.5}$ estimations in China from 2015 to 2020 using an improved gradient boosting decision tree[J]. Chemosphere, 296(11): 134003.

HU J, LI Y, ZHAO T, et al, 2018. An important mechanism of regional O_3 transport for summer smog over the Yangtze River Delta in eastern China [J]. Atmospheric Chemistry and Physics, 18: 16239-16251.

HU X M, XUE M, KONG F Y, et al, 2019. Meteorological conditions during an ozone episode in Dallas-Fort Worth, Texas, and impact of their modeling uncertainties on air quality prediction [J]. Journal of Geophysical Research: Atmospheres, 124(4): 1941-1961.

IPCC, 2007. Climate change 2007—Synthesis Report [M]. Cambridge: Cambridge University Press.

IPCC, 2013. Climate change 2013—The Physical Science Basis [M]. Cambridge: Cambridge University Press.

JAIN A K, 2010. Data clustering: 50 years beyond K-means [J]. Pattern Recognition Letters, 31(8): 651-666.

JIANG F, WANG T J, WANG T T, et al, 2008. Numerical modeling of a continuous photochemical pollution episode in Hong Kong using WRF-chem [J]. Atmospheric Environment, 42(38): 8717-8727.

JIN X M, HOLLOWAY T, 2015. Spatial and temporal variability of ozone sensitivity over China observed from the Ozone Monitoring Instrument [J]. Journal of Geophysical Research: Atmospheres, 120: 7229-7246.

JIN X M, ARLENE F K. FOLKERT B, et al, 2020. Inferring changes in summertime surface ozone-NO_x-VOC chemistry over U S Urban areas from two decades of satellite and ground-based observations [J]. Environmental Science & Technology, 54(11): 6518-6529.

JUNGE C E, 1962. Global ozone budget and exchange between stratosphere and troposphere [J]. Tellus, 14: 364-377.

KAVASSALIS S C, MURPHY J G, 2017. Understanding ozone-meteorology correlations: A role for dry deposition [J]. Geophysical Research Letters, 44(6): 2922-2931.

LAMSAL L N, KROTKOV N A, CELARIER E A, et al, 2014. Evaluation of OMI operational standard NO_2 column retrievals using in situ and surface-based NO_2 observations [J]. Atmospheric Chemistry and Physics, 14(21): 11587-11609.

LEE Y C, CALORI G, HILLS P, et al, 2002. Ozone episodes in urban Hong Kong 1994—1999 [J]. Atmospheric Environment, 36(12): 1957-1968.

LELIEVELD J, CRUTZEN P J, 1990. Influences of cloud photochemical progresses on tropospheric ozone [J]. Nature, 343(6255): 227-233.

LEVY II H, 1971. Normal atmosphere: Large radical and formaldehyde concentrations predicted [J]. Science, 173(3992): 141-143.

LI M, LIIU H, GENG G N, et al, 2017. Anthropogenic emission inventories in China: A review [J]. National Science Review, 4(6): 834-866.

LI J, HUANG J, CAO R, et al, 2020. The association between ozone and years of life lost from stroke, 2013—2017: A retrospective regression analysis in 48 major Chinese cities [J]. Journal Hazardous Materials, 405: 124220.

LI Y, SHI G, CHEN Z, 2021a. Spatial and temporal distribution characteristics of ground-level nitrogen dioxide and ozone across China during 2015—2020 [J]. Environmental Research Letters, 16(12): 124031-124046.

LI Y, YIN S, YU S, et al, 2021b. Characteristics of ozone pollution and the sensitivity to precursors during early summer in central plain, China [J]. Journal of Environmental Sciences, 99: 354-368.

LI L, XIE F, LI J, et al, 2022. Diagnostic analysis of regional ozone pollution in Yangtze River Delta, China: A case study in summer 2020 [J]. Science of the Total Environment, 812: 151511.

LIAO W, WU L, ZHOU S, et al, 2021. Impact of synoptic weather types on ground-level ozone concentrations in Guangzhou, China [J]. Asia-Pacific Journal of Atmospheric Sciences, 57(2): 169-180.

LIU X F, GUO H, ZENG L W, et al, 2021a. Photochemical ozone pollution in five Chinese megacities in summer 2018 [J/OL]. Science of the Total Environment, 801(3): 149603.

LIU J Y, WOODWRD R T, ZHANG Y J, 2021b. Has carbon emissions trading reduced $PM_{2.5}$ in China? [J].

Environmental Science & Technology, 55(10): 6631-6643.

LU X, ZHANG L, WANG X, et al,2020. Rapid increases in warm-season surface ozone and resulting health impact in China since 2013[J]. Environmental Science & Technology Letters, 7(4): 240-247.

MAZZUCA G M, REN X, LOUGHNER C P, et al,2016. Ozone production and its sensitivity to NOx and VOCs: Results from the DISCOVER-AQ field experiment, Houston 2013 [J]. Atmospheric Chemistry and Physics, 16(22): 14463-14474.

MCKEEN S A, HSIE E Y, LIU S C,1991. A study of the dependence of rural ozone on precursors in the eastern United States [J]. Journal of Geophysical Research: Atmospheres, 96(D8): 15377-15394.

MOUSSIOPOULOS N, SAHM P, KESSLER C,1995. Numerical simulation of photochemical smog formation in Athens, Greece-a case study [J]. Atmospheric Environment, 29(24): 3619-3632.

NI Z Z, LUO K, GAO X, et al, 2019. Exploring the stratospheric source of ozone pollution over China during the 2016 Group of Twenty summit [J]. Atmospheric Pollution Research, 10(4): 1267-1275.

NORRH G R, BELL T L, CAHALAN R F, et al,1982. Sampling errors in the estimation of empirical orthogonal functions [J]. Monthly Weather Review, 110(7): 699-706.

NOWAK D J, CIVEROLO K L, RAO T, et al,2000. A modeling study of the impact of urban trees on ozone [J]. Atmospheric Environment, 34(10): 1601-1613.

NUSSBAUMER C M, COHEN R C,2020. The role of temperature and NO_x in ozone trends in the Los Angeles Basin [J]. Environmental Science & Technology, 54(24): 15652-15659.

PANDIS S N, SEINFELD J H,1989. Sensitivity analysis of a chemical mechanism for aqueous -phase atmospheric chemistry [J]. Journal Geophysical Research, 94(D1): 1105-1126.

PULIKESI M A, BASKARALINGAM P A, RAYUDUB V N, et al,2006. Surface ozone measurements at urban coastal site Chennai, in India [J]. Journal of Hazardous Materials, 137(3): 1554-1559.

SARAH C K, JENNIFER G M,2017. Understanding ozone-meteorology correlations: A role for dry deposition [J]. Geophysical Research Letters, 44(6): 1-10.

SEINFELD J H, PANDIS S N,1998. Atmospheric Chemistry and Physics [M]. New York: A Wiley Interscience Publication.

SELIN N E, MONIER E, GARCIA M, et al,2017. The role of natural variability in projections of climate change impacts on US ozone pollution [J]. Geophysical Research Letters, 44(6): 2911-2921.

SHU L, XIE M, WANG T J, et al,2016. Integrated studies of a regional ozone pollution synthetically affected by subtropical high and typhoon system in the Yangtze River Delta region, China [J]. Atmospheric Chemistry and Physics, 16(38): 15801-15819.

STOCKWELL W R,1986. A homogeneous gas phase mechanism for use in a regional acid deposition model [J]. Atmospheric Environment, 20(8): 1615-1632.

SUN L, XUE L K, WANG Y H, et al,2019. Impacts of meteorology and emissions on summertime surface ozone increases over central eastern China between 2003 and 2015 [J]. Atmospheric Chemistry and Physics, 19(3): 1455-1469.

TAN Z F, LU K D, JIANG M Q, et al,2018. Exploring ozone pollution in Chengdu, southwestern China: A case study from radical chemistry to O_3-VOC-NO_x sensitivity [J]. Science of the Total Environment, 636: 775-786.

TANG G Q, ZHU X W, XIN J Y, et al,2017. Modeling study of boundary-layer ozone over northern China - Part I: Ozone budget in summer [J]. Atmospheric Research, 187: 128-137.

VINGARZAN R, TAYLOR B,2003. Trend analysis of ground level ozone in the greater Vancouver Fraser Valley area of British Columbia [J]. Atmospheric Environment, 37(16): 2159-2171.

WANG Y Q, ZHANG X Y, ARIMOTO R, 2006. The contribution from distant dust sources to the atmospheric particulate matter loadings at XiAn, China during spring [J]. Science of the Total Environment, 368 (2-3): 875-883.

WANG F, CHEN D S, CHENG S Y, et al, 2010. Identification of regional atmospheric PM$_{10}$ transport pathways using HYSPLIT, MM5-CMAQ and synoptic pressure pattern analysis [J]. Environmental Modelling & Software, 25(8): 927-934.

WANG Y Q, STEIN A F, DRAXLER R R, et al, 2011. Global sand and dust storms in 2008: Observation and HYSPLIT model verification [J]. Atmospheric Environment, 45(35): 6368-6381.

WANG T, XUE L K, PETER B, et al, 2016. Ozone pollution in China: A review of concentrations, meteorological influences, chemical precursors, and effects [J]. Science of the Total Environment, 575: 1582-1596.

WANG T, XUE L K, BRIMBLECOMBE P, et al, 2017. Ozone pollution in China: A review of concentrations, meteorological influences, chemical precursors, and effects [J]. Science of the Total Environment, 575: 1582-1596.

WANG N, LIU X P, DENG X J, et al, 2019. Aggravating O$_3$ pollution due to NO$_x$ emission control in eastern China [J]. Science of the Total Environment, 677: 732-744.

WANG M, CHEN W, ZHANG L, et al, 2020. Ozone pollution characteristics and sensitivity analysis using an observation-based model in Nanjing, Yangtze River Delta Region of China [J]. Journal of Environmental Sciences, 93: 13-22.

WANG B, 2021a. A novel causality-centrality-based method for the analysis of the impacts of air pollutants on PM$_{2.5}$ concentrations in China [J]. Scientific Reports, 11(1): 6960-6960.

WANG Z, 2021b. Satellite-observed effects from ozone pollution and climate change on growing-season vegetation activity over China during 1982—2020 [J]. Atmosphere, 12(11): 1390-1390.

WANG P, SHEN J Y, XIA M, et al. 2021c. Unexpected enhancement of ozone exposure and health risks during National Day in China[J]. Atmospheric Chemistry and Physics, 21(13): 10347-10356.

WILLIAM T B, ALSING J, MORTLOCK D J, et al, 2018. Evidence for a continuous decline in lower stratospheric ozone offsetting ozone layer recovery[J]. Atmospheric Chemistry and Physics, 18(2): 1379-1394.

XU W Y, ZHAO C S, RAN L, et al, 2011. Characteristics of pollutants and their correlation to meteorological conditions at a suburban site in the North China Plain [J]. Atmospheric Chemistry and Physics, 11(9): 4353-4369.

YANG L F, LUO H H, YUAN Z B, et al, 2019. Quantitative impacts of meteorology and precursor emission changes on the long-term trend of ambient ozone over the Pearl River Delta, China, and implications for ozone control strategy [J]. Atmospheric Chemistry and Physics, 19(20): 12901-12916.

YANG X, WU K, LU Y, et al. 2021. Origin of regional springtime ozone episodes in the Sichuan Basin, China: Role of synoptic forcing and regional transport [J]. Environmental Pollution, 278(4):116845.

ZENG P, LYU X P, GUO H, et al, 2018. Causes of ozone pollution in summer in Wuhan, central China [J]. Environmental Pollution, 241: 852-861.

ZHAI S, JACOB D J, WANG X, et al, 2019. Fine particulate matter (PM$_{2.5}$) trends in China, 2013—2018: separating contributions from anthropogenic emissions and meteorology[J]. Atmospheric Chemistry and Physics, 19(16): 11031-11041.

ZHAN C C, XIE M, HUANG C W, et al, 2020. Ozone affected by succession of four landfall typhoons in the Yangtze River Delta, China: major processes and health impacts [J]. Atmospheric Pollution Research, 20 (22): 13781-13799.

ZHAO S P, YIN D Y, YU Y, et al, 2020. PM$_{2.5}$ and O$_3$ pollution during 2015—2019 over 367 Chinese cities: Spatiotemporal variations, meteorological and topographical impacts [J]. Environment Pollution, 264: 114694.

ZHOU D R, DING A J, MAO H T, et al, 2013. Impacts of the East Asian monsoon on lower tropospheric ozone over coastal south China [J]. Environmental Research Letters, 8(4): 575-591.

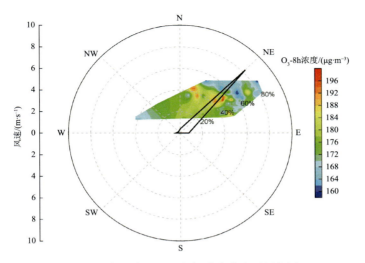

图 4.8　海口市 O_3-8h 超标浓度分布及风频图

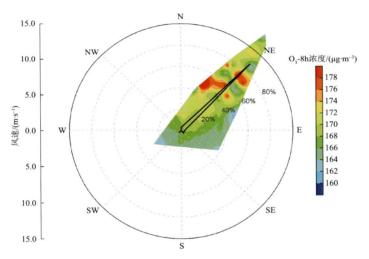

图 4.10　三亚市 O_3-8h 超标浓度分布及风频图

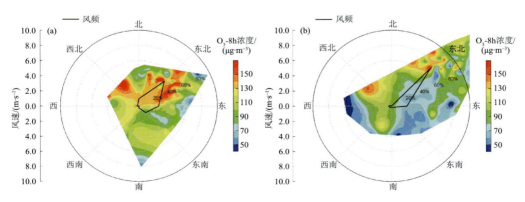

图 5.8　海口市和三亚市 2019 年秋季风向、风速与 O_3-8h 浓度的关系

(a)海口市,(b)三亚市

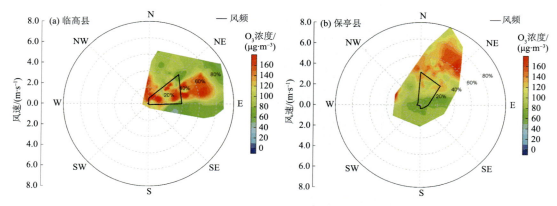

图 6.13 　2020 年 10 月 10—14 日逐时 O$_3$ 浓度分布及风频图

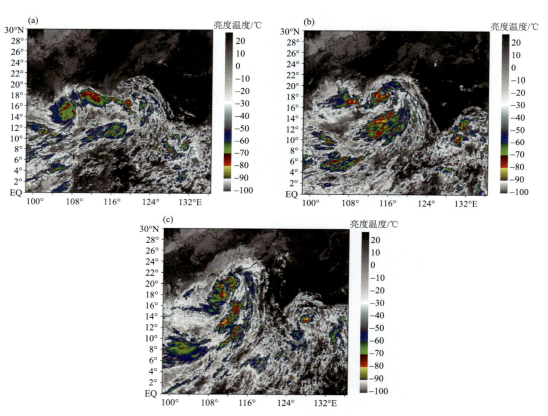

图 6.17 　台风"浪卡"期间"葵花 8 号"卫星红外亮度温度

(a)2020 年 10 月 11 日 14:00,(b)2020 年 10 月 12 日 14:00,(c)2020 年 10 月 13 日 14:00